茶人论茶

唐力新◎著

浙江工商大學出版社
ZHEJIANG GONGSHANG UNIVERSITY PRESS
·杭州·

图书在版编目(CIP)数据

茶人论茶 / 唐力新著. — 杭州：浙江工商大学出版社，2020.5

ISBN 978-7-5178-3860-9

Ⅰ.①茶… Ⅱ.①唐… Ⅲ.①茶文化－中国 Ⅳ.①TS971.21

中国版本图书馆CIP数据核字(2020)第079378号

茶人论茶

CHAREN LUN CHA

唐力新 著

责任编辑 张婷婷
封面设计 潘 洋
责任印刷 包建辉
出版发行 浙江工商大学出版社
（杭州市教工路198号 邮政编码310012）
（E-mail：zjgsupress@163.com）
（网址：http://www.zjgsupress.com）
电话：0571-88904980，88831806（传真）
排 版 杭州红羽文化创意有限公司
印 刷 杭州高腾印务有限公司
开 本 880mm×1230mm 1/32
印 张 5.5
字 数 72千
版 印 次 2020年5月第1版 2020年5月第1次印刷
书 号 ISBN 978-7-5178-3860-9
定 价 29.00元

唐力新工作照

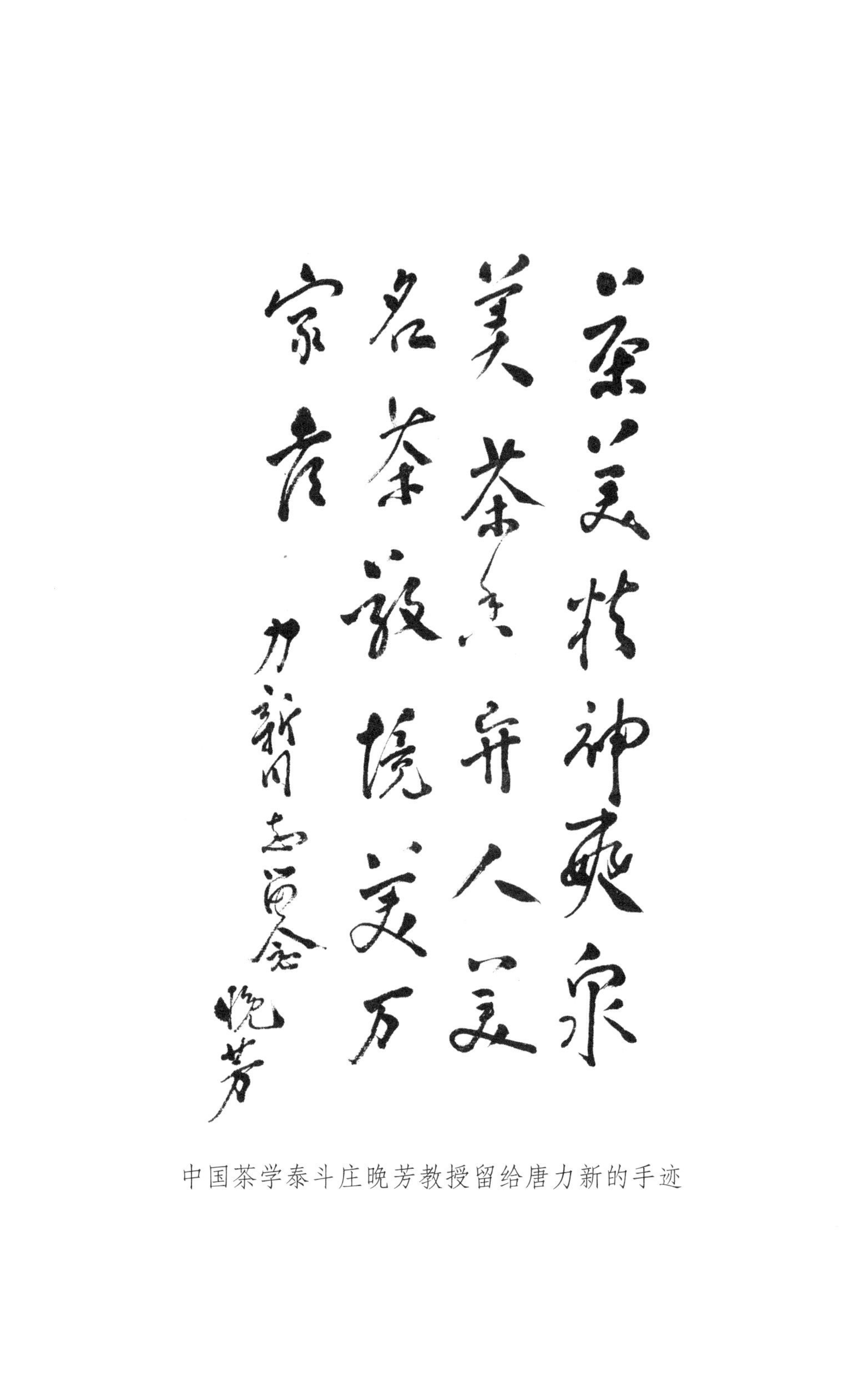

中国茶学泰斗庄晚芳教授留给唐力新的手迹

《序　言

时隔三年，唐力新的子女将其现存的遗作整理汇编成册，题名为《茶人论茶》，在付印出版之际，将其样本寄给我过目，并要求我再次为其作序。作为唐力新的挚友，我当义不容辞，欣然命笔。

通观全书后，我脑海立即浮现出唐力新在下班回家之后，伏案书写专业心得，孜孜不倦勤奋立论的身影。他引经据典地回顾了茶叶的历史渊源，上溯到我国秦王朝便有茶叶的记载，随后延绵到唐代被传播到日本，乃演变成当今日本茶道的鼻祖。后经宋元明清，茶叶的商品价值日益彰显，作为重要的货物更为世界各国所争夺。而其对我国平民百姓的生活方面影响更为显著，在精神方面犹有特色，历代文人墨客吟诗作赋、寄情抒怀。

唐力新以“茶人”身份深入各地茶厂，帮助茶农在生产上摸索规律，解决生产关键问题，帮其发展生产，并保护和挖掘各地名茶的品质与特色。30多年前，唐力新作为浙江茶叶公司的专业人才，帮助浙江兰溪北乡某茶厂生产出白毛尖的名茶（兰溪毛峰），引起周恩来总理的注意，遂以其作为国礼，补充西湖龙井名茶数量之不足，而向国外输出，该厂因此名噪一时，兰溪毛峰也成为当时的浙江名茶之一。同时，唐力新以深入浅出的歌谣口诀的形式，对茶农普及茶叶生产和维护名茶特色的操作要领，一直流传至今。记得就在两年多前，为整理兰溪毛峰的创业史料，由兰溪市农业局、民盟兰溪市委会、兰溪市茶文化研究会等领导共同创议在兰溪市上唐村唐力新的墓前移栽18棵毛峰茶树，并命名为兰溪茶人初心园以作纪念，其生前播下的种子在多年后还在开花结果。

我国正进入建设中国特色社会主义的新时代，开展“不忘初心、牢记使命”的主题教育，为实现百年中国梦而努力。唐力新其实在20世纪80年代便已实践此精神，成为我国茶叶战线上的一位英模人物。

胡景泰

2020年1月于连云港　时年96岁

目　录

茶叶与鸦片战争

在中国近代史上，鸦片战争是个非常重要的事件。1840年，英国对中国发动了鸦片战争，这次战争是英国为了扩展国外市场，掠夺殖民地，加速资本积累，而对中国进行的一次赤裸裸的武装侵略，也是它在国外进行的多次殖民地掠夺战争的继续，是蓄谋已久的。这次战争的爆发，鸦片是个核心问题，但与茶叶也有关联。本文着重谈的是茶叶与鸦片战争的关系及其影响。

一、鸦片战争前，茶叶在我国出口贸易中所处的地位

茶叶是我国历史上最早的经济作物之一，很早就成为一种重要的外销物资。明代，茶叶不论在生产上还是交换上，都比过去各个朝代有所发展。明代茶叶的主产地区有安徽、福建、浙江、湖南、湖北、江西、四川、云南等省。每当采茶季节到来时，这些茶叶主产地区就成了“百货验集，开市列肆”的市场。到了清代，茶叶生产有了进一步发展。

中国沿海对外贸易的历史悠久。唐代至北宋时，沿海各港口就已经与国外建立了相当频繁的商业关系，当时有外国商人陆续前来互市，中国管理对外贸易的市舶提举司及征收商税、监督交易的榷场也先后建立起来，到了元代、明代有了新的发展。清初，朝廷推行闭关政策，沿海许多港口的对外贸易一度衰落，直到康熙以后，欧洲人到东方来的日渐增多，于是茶叶被带往欧洲各国。

在近代中西贸易史上，欧洲各国先后来中国贸易的

有葡萄牙、西班牙、荷兰、英国、法国和俄国等。英国人来到中国，要比葡萄牙人、西班牙人和荷兰人迟，尤其是比葡萄牙人要迟一个多世纪。但是，英国人进入中国以后，就逐渐改变了中西通商关系的面貌，从19世纪起，他们就在中外贸易中取得了统治地位，特别是《南京条约》签订后的中外通商史，实际上可以说是外国资本主义控制和奴役中国的历史。

中国茶叶究竟最早在何时输到欧洲去，没有可靠的证据。英国小说载，在伊丽莎白女王时代，英国有一对老年夫妇，不知道从哪里受领到一包茶叶，他们并不知道把茶叶浸泡于滚水之中，而把茶叶敷在面包上同吃。这至今仍被当作欧洲人最初饮茶的笑料，但从中可以知道，中国的茶叶在17世纪已传到欧洲去了。据史料记载，从中国沿海输出茶叶最早的是荷兰人，他们在1606—1607年（明朝万历年间），由澳门运茶到爪哇的巴达维亚。当时荷兰人企图与广州的中国商人直接贸易，因受葡萄牙人的反对而未成功。约至1637年，荷兰若干富商之妻已开始用“中国饮品”——茶待客。1663—1664年，荷兰人曾一度在厦门及福州购买中国茶叶，之后获准与其他外国商人共同在广州通商。1664年，握有远东贸易独占权的英属东印度公司（当时世界上最大的茶叶专卖公司）的经纪人，从爪哇以每磅40先令的价格，购买仅2磅2盎司的中国名茶献赠英王。据传，查理二世将此项贡品转赠给王后，因她嗜茶如命。1666年，又有22磅12盎司中国茶叶经荷兰人带到英国去供奉英王。到了1678年，英国东印度公司方有较大批的茶叶共计4713磅运到欧洲去，经营投机事业。最初，饮茶为英国的一种时髦，茶叶被视作一种靡费之物。英国东印度公司初次投机，就获得很大成功，遂决定将茶叶作为进出口货物中的一个重要部分，规定不准私人经营茶叶商品，并从此开始大量输入茶叶。当时中国的茶叶大部分是经过印度的马特拉斯、苏拉特等口岸运销出去的。

1684年，英国东印度公司取得清政府当局许可，在广州沙面建造商馆，此为经核准在广州设立欧洲商馆之滥觞。1685年，该公司在厦门设立代办处，1689年第一次直接由厦门运去茶叶。1702年，英国获准在浙江省舟山岛设立贸易站，也有少量茶叶交换，至1715年，英国商船开始获准驶入黄埔港与广州通商。

早期欧洲的冒险家来到中国时，中国人对他们隐存蔑视和惊惧心理，视欧洲人为蛮夷。康熙年间，清政府下令不许其他港口与外国人进行贸易，只在广州一地准予对外通商。康熙四十一年（1702），清廷派遣一名官员（或称皇商）在广州办理对外贸易事宜，这名官员实质上含有独占的经纪人性质，其无疑成为中西贸易史上的一名重要官吏。

18世纪初期广州口岸开放以后，中国对外贸易非常发达，欧洲各国船舶纷纷来广州经商，除了英国以外，尚有法国、瑞典、荷兰等国的船舶，贸易的主要商品是茶叶，其次为丝绸、瓷器、漆器等“奢侈品”。尤其是茶叶输出量，一开始就有突飞猛增的趋势。

随着中西贸易的日益发展，皇商已经不能满足外国人对购买中国货物的需要，从而引起外商的不满。于是在康熙四十三年（1704），朝廷增加了几个华商襄助皇商办理对外贸易事宜，以应付日益繁盛的商业。这些襄助皇商办事的商人，从未超过十三名，这就是煊赫一时的“十三行”商人，也称“官商”。

“行商”在广州工厂附近建有仓库，由内陆运来的茶叶、丝绸等堆放在仓库内，并在工厂内分类、过磅、包装，在送往黄埔装船之前，须向皇商纳税。

中国当时是一个人口众多、幅员辽阔、资源丰富，但经济落后的国家。早在18世纪以前，英国便看中中国的广阔市场，并积极要求同中国开展贸易。中英在商业上接触以后，中国输出的商品主要是大量的土特产和手工业品，尤以茶叶为大宗。英国认为，中国茶叶是唯一能够成为普遍的消费品，而又不与本国制造品相竞争的货物，可以廉价进高价出，从中获得高额的利润和税收。茶叶只能从中国购买，因而从中国输出的茶叶数量日益增加。

中国从广州输往欧洲各国的茶叶数量统计表（18世纪中叶至19世纪初）

单位：担

国别 年份	英国	法国	丹麦	荷兰	瑞典	美国	其余国家	合计
1741	13 345	9 450	6 400		8 550		0	37 745
1750	21 543	14 944	12 304	9 422	12 629		0	70 842
1775	5 061	18 660	21 353	36 925	19 220		23 906	125 125
1780	71 084	—	17 560	37 180	30 817		0	156 641
1785	108 947	3 500	34 336	23 441	46 593		15 213	232 030
1790	162 114	3 316	3 905	9 964	—	5 575	0	184 874
1795	114 654	—	—	—	60 699	21 147	0	196 500
1800	230 458	—	7 226	—	16 818	35 620	6 018	296 140
1805	182 494	—	13 049	—	—	87 771	522	283 836
1810	209 744					21 643	0	231 387
1815	314 012			5 131	10 711	53 040	0	382 894
1820	244 483					40 153	0	284 636
1825	228 909					96 163	0	325 072
1830	249 187					54 386	0	303 573
1832	269 863			12 000	122 457	—	0	404 320
1833	258 302	—	—	—	—	—	0	258 302

以上统计资料表明，在18世纪中期至19世纪初期，中国茶叶输往欧洲各国，每年都有长足的增加，尤其是对英国输出增加速度最快，由数万担增至近30万担，特别是在19世纪初期的30年中，几乎全部输往英国。

英国人是那样狂热地来寻求中国的财富，但中国没有随着茶叶、丝绸等农产品及手工艺品的输出，相应地发展双方贸易，中国人对外国商品漠不关心。事实上，那时中国没有打算与欧洲人接触，也不需要外国商品。1793年，英国派马嘎尔尼勋爵（Lord Macartney）为驻中国外交代表，他上任时曾携带英国制造品如金属器具、棉布等样品前来中国，得到乾隆皇帝的答复是："奇珍异宝，并无贵重……种种贵重之物，梯航毕集，无所不有，尔之正使等所亲见，然从不贵奇巧，并无更需尔国制办物件。"这一声明，使这位英国大使的希望完全落空，这倒不是乾隆皇帝"妄自尊大"，主要当时中国的经济结构是以小农与家庭手工业紧密结合为基础的自给自足的自然经济，加以外国制造品已经超过农村家庭手工业和农民的需要，正如英国赫德爵士（Sir Robert Hart）在大约100年后所著的《中国见闻录》中所说："中国有世界上最好的粮食——米，最好的饮料——茶，以及最好的衣着——棉、丝和皮毛。既有这些大宗物产以及无数土制副产品，所以他们不需要从别的地方购买一文钱的东西。"

英国人在经营中国茶叶贸易中，捞到了极大的好处，由此英国东印度公司更加致力于向中国购买大批茶叶及丝绸等产品。然而，中国人对欧洲的制造品很冷淡，因此英国必须筹措一笔巨大的资金来购买中国的货物。

在缺乏适当交换媒介的中国，一种西班牙鼓铸的银圆是有吸引力的。早期的西班牙和葡萄牙商人能尽量利用他们所保存下来的南北美洲的掠夺物来支付一部分中国商品的货款，葡萄牙人在东方海洋上的定期劫掠，为澳门增加了可以利用的“财物”。东印度公司从一开始就意识到有携带大量金银块和货币来供应东方贸易资金的必要。1601—1624年，东印度公司在其经营活动的最初20多年里，向东方输出现金753 336镑（主要是西班牙银圆），而货值仅351 236镑，不及现金的半数，大约100年以后，输出现金与货值的比例不但没有降低，反而逐年提高。在1710—1759年新旧东印度公司合并以后的50年中，英国对东方的出口金额达26 833 614镑，货值仅9 248 306镑。在马士（Morse）《东印度公司对华贸易编年史》中，记载了一些有趣的统计材料，1751年有4艘货船从英国驶往中国，共载有价值119 000镑的现银和仅值10 842镑的货物，有的年份甚至出现现银与货值98∶2的现象，除了极少量的货物外，大多是现银。因此，18世纪的中英贸易产生了一个基本问题，即英国出现了一面倒的贸易逆差，贸易的结果有利于中国而不利于英国。

英国在对中国的贸易中，长期出现这种现银不断外流的情况，引起了人们对东印度公司垄断的责难，也引起了英国政府的不安。之后，东印度公司千方百计采办一些在英国生长、出产或制造的货物，诸如毛货、宽幅呢、哔叽、羽纱以及一些铜和铅运来中国，但在广州，英国货物的市场极其有限。按照当时清政府的规定，英国的毛货等的售价是确定中国茶、丝价格的根据，英国即使亏本推销也打不开销路。中国商人本不愿接受英国货，只是因为东印度公司坚持以购买中国茶叶为交换条件才肯接受这些货物。

茶叶是英国政府收税的最佳商品，早在1660年就有每加仑征税8便士的规定；1695年茶叶由远东输入者每磅加税1先令，由荷兰输入者每磅加税2先令6便士；1745年每磅征茶叶税4先令，外加附加税14%。之后，英国茶税继续增加，不但税额高，名目也繁多，直到1784年止，其向茶叶征收的税包括关税、贡品补贴税和附加税等。据马士的统计资料，消费在英国的茶叶捐税在79.5%—127.5%。英国每年消费茶叶约1300万磅，其中只有550万磅左右是缴过税的，其余的750万磅是走私进入英国而后又输入法国和欧洲大陆上其他国家的。因茶税太高，遂茶叶走私成风。有人估计在茶叶输入英国的总值中，走私与由东印度公司输入者各占一半，也有人认为走私数量达总额的三分之二。1784年英国国会通过一项抵代税条例，对茶叶征收的捐税降至12.5%。此种茶税的调整，对取缔走私颇有成效，此时由正当途径输入的茶叶倍增。大约过了20年，欧洲各国为了偿还拿破仑战债，重新增加茶税，至1819年茶税附加税增至

100%。茶叶走私之风重新掀起。

英国茶税之高，迫使茶叶走私成风，而茶利之厚，驱使英国政府更加贪得无厌，在两者的推波助澜下，茶叶年复一年地由中国源源不断输往英国。诚然，1788年英国运来中国的呢绒等工业制品的数量是有很大增长的，但远不及茶叶增长之快。1792—1807年，东印度公司从广州运到英国的货物（主要是茶叶）计价27 157 006镑，而从英国运来广州的货物只值16 602 388镑。为了弥补这种贸易逆差，东印度公司被迫经常向中国支付大量的现金，这就使其越来越难以寻求足够的货币来广州购买茶叶了。这种局面的存在对英国是不利的，英国当然不甘心任其持续下去。为了扭转这种局面，英国一方面利用“炮舰外交”，积极准备武装侵略中国，以便攫取贸易特权，倾销其工业品；另一方面苦思冥想，寻找一种既可为中国方面接受，又能用来支付茶款，而且本身还可以赚取钱财，使中国的金银流入英国的特殊商品。这种杀人不见血的商品——鸦片，终于被英国方面在印度找到了，这就成了中英贸易中的问题关键所在，埋藏了鸦片战争的祸根。

二、鸦片战争的爆发，鸦片是核心问题，但茶叶输出是鸦片入侵的原因之一

在中英贸易中，英国方面为了解决长期存在的大量贸易逆差，不择手段，终于在18世纪末期到19世纪初期找到了办法，即用鸦片作为打开中国市场的“敲门砖”。据发现，中国的不法商人对于英国货物虽然没有多大胃口，却愿意接受英属印度的产品，特别是鸦片和原棉。早在18世纪初期，英国商人来我国贸易时，就已把鸦片输入中国，当时作为一种“洋药”，数量还不是太大，但此后逐年增多。英国为了平衡贸易逆差，甚至还在世界各地搜罗鸦片，到中国市场上来销售。据记载，1727年，由英国鸦片贩子运销到中国来的鸦片约达200箱。1757年，英国占领了当时印度的鸦片产地孟加拉；10年后，英国运销到中国的鸦片增加到1000箱。1773—1797年，

东印度公司先后从英属印度政府那里取得了鸦片的专卖权和制造鸦片的特权。1800年，东印度公司已经将在印度种植鸦片和在中国推销鸦片的技术发展到了极为完善的地步。从19世纪初期开始，印度出产的鸦片，使英国在中国市场的贸易中占有无与匹敌的地位。这不仅仅在于鸦片本身的规模和可以获利的性质，更重要的还在于鸦片同东印度公司在印度和中国领土、商业上的关系。从此，从印度输入中国的鸦片就与日俱增，其流毒的范围也越来越广。据统计，1800—1811年单从印度孟加拉输入中国的鸦片平均每年2650箱，1812—1821年平均每年输入量增加到2824箱，1822—1828年平均每年输入数量更是增加到4795箱。与此同时，美国的鸦片贩子也在土耳其等地大量搜罗鸦片投入中国市场。据统计，在1805—1828年间，美国鸦片贩子单从土耳其一地运到中国来销售的鸦片就达3757箱。当时对中国进行了鸦片贸易的资本主义国家主要是英国和美国。据统计，1800—1811年间，英美等国共运进中国的鸦片平均每年达4016

箱，1820—1831年平均每年增至11 116箱，鸦片战争爆发前的10年，英美等国对中国的鸦片贸易发展到了十分猖獗的地步。它们在1828—1829年运销中国的鸦片共有13 868箱，1833—1834年为21 885箱，1836—1837年为34 776箱，1838—1839年竟上升到40 200箱。

这种最可耻、最狠毒的利用鸦片贸易来掠夺中国的行径，不但毒害了中国人民，其恶果还可以从中英贸易的差额中清楚地看出。1804年以后，东印度公司必须从欧洲运来中国的现银数量就逐渐减少，甚至已完全不需要。相反，印度向广州输出价值相当高的鸦片和棉花迅速增加，就使金银倒流。1806—1809年间，约有700万银圆和银块从中国运往印度，以弥补茶叶贸易的收支差额。自1818年至1833年，现金银在中国全部出口中占五分之一。1817年，运到广州的非欧洲商品计1000余万元，而英国货为350万元；1825年，前者为1750余万元，后者为350万元；1833年，前者为2000万元，后者仍为350万元。在这10多年中，运到广州的非欧洲商品数量逐年增加，而英国货的数量却保持不变。所以，广州国际贸易差额发生变化的原因是中英之间的鸦片贸易。

在中国，朝廷和地方都是下令禁止输入和吸食这种毒物——鸦片的。第一道谕旨是在雍正七年（1729）颁布的，以后在各次命令中都提醒人们注意这个早已实行的禁令。嘉庆四年（1799）的上谕中再次提到要防止这种伤风败俗的事情蔓延，但这种违法的贸易仍在继续进行，究其原因有三。

第一，东印度公司的政策，是将它的活动只限于印度的鸦片生产，而将鸦片在中国的分配任务交由“港脚贸易”来完成。什么叫“港脚贸易”呢？从17世纪末到19世纪中叶汽轮问世为止，印度、东印度群岛同中国的贸易叫“港脚贸易”，后来主要指印度的东方贸易，这种贸易主要是由在印度的欧洲人及印度人经营的。东印度公司利用“港脚贸易”这一手段，来供应广州需要的茶叶投资的资金。

茶叶给英国带来极大的好处，特别是在东印度公司垄断（到1834年止）的最后几年中，茶叶带给英国国库的税收平均每年为330万镑，从中国运去的茶叶占据了英国国库总收入的十分之一，撑起了东印度公司的全部利润。1839年，英国人华伦在《鸦片问题》一书中直言不讳地说，多年来，东印度公司从鸦片贸易上获得巨额收入，这种收入使英国在政治上和财政上获得无法计算的好处。英国与中国之间的贸易差额情况有利于英国，使印度对英国制造品的消费增加了10倍；直接支持了英国在东方的巨大统治机构，支应了英王在印度的机关经费；用茶叶作为划汇资金和交流物资的手段，又使大量的收入流入英国国库，而且用不着使印度贫困，因此，东印度公司就尽其力之所能来推广鸦片贸易。

18世纪末，在印度的印、英散商领得了东印度公司的营业许可证，频繁往来于印度与广州之间，当时港脚贸易在对中国贸易中担负起它的任务，呈现出它的特色。港脚商人将大量相当高价值的印度出产的鸦片、棉花运来广州。茶叶是由东印度公司垄断的，是不准散商向英国运销的。与此同时，由中国输往印度的除了生丝以外，一般都是一些价格低廉的货物，诸如糖、白铜及少量的“工艺品”。因此，在19世纪初的中印贸易中，中国平均每年有100万镑的贸易逆差。英国对中国贸易由东印度公司和港脚贸易两大部分组成，这两个组成部分起到相互辅助的作用，正是港脚贸易这笔差额，使东印度公司有了采办中国茶叶的财源。在1830年前后的中英贸易中，西方产品只抵付茶叶投资的四分之一，东印度公司全部输入品等于它的茶叶投资的一半左右，而散商贸易实际上都是港脚贸易，从印度输出的商品主要是鸦片和棉花，单是鸦片一项的售货收入就足以抵付东印度公司采办全部茶叶投资而有余。于是，英国的决策者们抛弃道德而见利忘义了。

第二，广州商业制度散漫。清政府在广州设置的公行，是负责对外贸易的，但它的组织很奇特，既不像中世纪欧洲的商业行会，也不像政府的特许公司，更不是新兴资产阶级争取商业特权的产物。公行成员的资格，并没有被看作一种权利，却被看作一种负担。清政府招致商人参加公行时，往往遇到极大的困难。商人破产的事常常发生。公行的成员，最多时是13人，但通常是不足额的。其中真正殷实的仅有3人，他们是在广州进行对外贸易的仅有的合法经纪人，他们所垄断的却限于大宗货物，如茶、丝等。随着国际贸易的发展，专靠公行已不适应外商需要，后来出现一部分“行外”商人，叫作“小商铺”，他们被允许售予外国商人零星的个人用品。事实上，由于“行外”商人与公行勾结，英国散商和美国人一开始就发现和那些“行外”商人做买卖更有利。不久，丝、土布、瓷器，甚至茶叶也可轻易在“行外”商人手中购到。鸦片是违禁的，英、印散商运来广州的鸦片不能与公行交易，只能同“行外”商人以现金交易，所以“行外”商人可以任意购到从印度运来的鸦片。清政府当局、总督或粤海关监督，有时也采取行动来取缔这种破坏公行合法垄断的犯法行为。1807年，有200多家“小商铺”被封闭，它们的货物被充公，有的

“行外”商人被流放到当时很荒凉的伊犁去。但不久后，“行外”商人又在公行的羽翼下继续进行贸易，他们的出现，使在广州的国际贸易，特别是鸦片贸易打开了一个缺口。

第三，清政府腐败无能，海上走私猖獗。英、印散商从印度用快船运来的，主要是鸦片和棉花等大宗货品。棉花用以物易物的方式卖给公行，装违禁品（鸦片）的快船根本用不着走私进入广州内河，而开到炮台外面的伶仃洋面“外洋停舶处”处理，在那里设置趸船，以储藏鸦片及其他货物。鸦片的出售是由中国的掮客经手，他们以每箱两元的佣金代“烟贩”销售，这些“烟贩”是真正的外国“冒险集团”在广州的代理人。当地官吏从中抽很高的税费，由于他们的放纵，鸦片销售才有了可能。那时的地方官吏贪污风气是严重的，以致运送鸦片的走私船常常是那些负有缉私职责的官船。同样，每年由广州到北京的装着呈献皇帝贡品的贡船，也成了运送鸦片到北方各省的一个极为方便的工具。清朝的海军能力有限，兵船虽然有时也集结在澳门和各岛屿之间，表示要干涉和阻挠伶仃岛的鸦片走私活动，但一直未采取有效的行动，因为那些外国商人的鸦片走私船，都是用欧洲最好的武器武装起来的。

19世纪30年代，鸦片贸易迅速发展，在两个方面引起了清政府的注意。一方面，鸦片贸易自珠江沿着海岸线逐步扩展到东北三省，成千上万的人染上了这种吸毒的恶习。吸食鸦片，使得许多人身体状况严重恶化，精神受到毒害，并因此丧失了工作能力，导致军队无战斗力。另一方面，支付巨大的烟价造成白银外流，使流通手段缺乏，银价上涨。据统计，1829—1840年间，进口白银只有733万余元，而输出国外的现货（银圆、纹银和黄金）则高达5600万元。当时，林则徐在呈送清朝皇帝的拟全面禁止鸦片贸易的奏折中就曾提到这一问题："臣历任所经，如苏州之南濠、湖北之汉口，皆阛阓聚集之地，叠向行商铺户暗访密查，佥谓近来各种货物销路皆疲，凡二三十年以前，某货约有万金交易者，今只剩得半之数。问其一半售于何货，则一言以蔽之，曰鸦片烟而已矣。”鸦片贸易竟猖獗到如此严重的地步，必须予以清除。清政府认为，战争已迫在眉睫，乃于1832年颁谕，命令沿海各省建造炮台，预备战船，以备肃清海洋，驱逐在海岸的欧洲兵船，同时下令禁止外国船只逗留在伶仃洋面。英国方面，虽然早在19世纪20年代起就通过鸦片贸易，购回大量的茶、丝等农产品，由入超国变成出超国，使中国白银大量外流，为英国国库填满了资金，但英国政府并不以此为满足。18世纪末至19世纪初的工业革命完成以后，英国资产阶级在许多工厂中增加了机器，革新了技术，蒸汽锤和重型机器已在各工厂普遍安装使用，劳动生产率进一步提高，工业品急需寻找出路。而清政府自1759年（乾隆二十四年）以后，即停止闽、浙的对外贸易，将外商活动限于广州华南一隅，那里的市场有限，英国资本主义力图把它的势力范围延伸到中国的其他地方，特别是富饶的长江流域。长江流域腹地广阔，物产丰富，交通便利，商品经济发达，市场容量大，早就引起英国资本家的垂涎。在英国制造商、出口商的强大压力下，英国当局妄图进一步利用商品和枪炮打开中国市场。1833年，一个英国作家曾经这样说过："促使中国最后屈服，愿以合理的条件对待外国人，或许没有再比以吸取其流通手段而使这个国家继续不断地贫困更简单的了。"这是再明白不过的强盗语言。

罪恶的鸦片贸易的扩大，使清政府感到越来越难以容忍。当时的道光皇帝清楚地知道，"无兵"就不能维持政权，"无银"就不能安度享乐生活，因而终于在抵抗派的影响下，决定严禁鸦片贸易。1838年12月底，清政府任命林则徐为钦差大臣，派其赴广州清除鸦片贸易。从1839年4月下旬到5月中旬，英、美鸦片贩子陆续缴出鸦片20 283箱又2 000多麻袋，合计200多万斤。从6月3日到25日，林则徐将缴获的全部鸦片在虎门海滩当众销毁。

1840年6月，英国为了报复中国，发动了鸦片战争。鸦片战争初期，由于林则徐抗英态度坚决，军民合力，取得了显赫的战果，后因清政府的无能，后援不力，英军即于1841年1月至1842年5月先后攻占了中国的香港、厦门、定海、镇海、宁波及乍浦等地，不久又集中兵力进犯长江流域。1842年6月中旬，英军攻占长江的门户上海后，7月21日攻占了镇江，不久便兵临南京城下。昏庸腐朽的清王朝至此已完全丧失抵抗能力，不得不于1842年8月29日同英国签订了不平等的《南京条约》。《南京条约》中关于广州、厦门、福州、宁波和上海五口通商及协定关税等规定，改变了中华“天朝”和西方“夷人”之间的关系，使中国沦为半殖民地国家。

综观鸦片战争爆发的原因，主要有以下两方面。一是由英国资本主义本质所决定的。开辟国外市场，扩展对外贸易，掠夺殖民地，是资本主义赖以存在和发展的必不可少的条件之一。正如列宁所说的：“资本主义只是广阔发展的、超出国家界限的商品流通的结果。因此，没有对外贸易的资本主义国家是不堪设想的，而且的确没有这样的国家。”

二是茶叶在这当中产生了重要影响。在中英茶叶贸易中，英国长期处于贸易逆差，为了其国家利益，必须找到其他商品来平衡贸易逆差。鸦片这件商品就适时粉墨登场了。印度用种植鸦片的收入购买英国纺织品，英国用印度的鸦片换取中国的茶、丝，运销英国和世界各地。可见，在英国—印度—中国，即纺织品—鸦片—茶、丝，这循环转贩的“三角贸易”关系中，鸦片起着扭转贸易逆差的作用。英国资本家紧紧抓住鸦片贸易这个环节，使自己取得了一箭双雕的便宜：既把自己生产的纺织品在印度大量推销出去，又把自己需要的茶、丝从中国大量购运进来，而大量进口茶叶，又使英国政府获取丰厚的茶税收入。仅1833年，英国的茶叶税收高达330万镑。

鸦片是违禁品，英国商人通过中国的贪腐官员和不法商人勾结，大量倾销鸦片，使得中国人民深受其害，造成了深刻的民族灾难。禁烟以后，英国无法再用鸦片作为手段进口其国内十分需要而价格低廉的中国茶、丝等，从而使市场出现了价格的波动。对英国来说，这一方面表现在茶、丝等进口货价格上涨，另一方面表现在因必须用白银来购买某些必需货物而发生的“银根吃紧”情况。为了转移危机，英国不惜发动战争，用枪炮强行打开中国市场，维护其在华利益。

三、鸦片战争以后中国茶叶出口量迅猛扩大及其原因的分析

英国利用军事入侵，签订不平等条约，强行五口通商以后，法、美等资本主义国家也紧随其后，在通商口岸强占“租界”。“租界”是近代资本主义国家在中国扩展殖民势力的产物，它实质上是外国在中国所占的一块殖民地，在这块“国中之国”的殖民地内，其排除了中国政府的一切政治和经济的权力，建立起自己的统治。那时，外国商人“冒险家”、流氓及其他投机分子纷至沓来，他们以“租界”为据点，凭借在“租界”中攫得的种种特权，纷纷建立各式各样的洋行，向中国倾销大量

的鸦片和工业品的同时，从中国压价收购茶、丝等农副产品和工业原料，对中国进行掠夺性的殖民地贸易，使中国的对外贸易带上了愈来愈浓的半殖民地性质，中国人民在他们敲骨吸髓的巧取豪夺下遭受到愈加残酷的剥夺和侵害。

鸦片战争以前，广州是中国唯一对外贸易的地点，英、美等国家输入的鸦片大多是从广州口岸进货的。上海于1843年11月17日正式被辟为商埠后，就逐渐代替广州，迅速变成了英、美等国家把大量鸦片输入中国的一个重要口岸。1844年，即有怡和洋行把大量鸦片运来销售。1848年，停泊在中国沿海各口岸的外国鸦片趸船共有35艘，其中就有12艘停泊在上海的门户吴淞口。1849年，吴淞口外国趸船上囤聚鸦片即达22 981箱，在当时的上海，贩卖鸦片和吸食鸦片都已不避人耳目，只要每箱缴纳税银30两就可以“合法”进口。鸦片从广州、上海等地输入，转而流入广大内地，从此以后，外国鸦片在全中国的流毒一发不可收拾。

外国鸦片商人在上海经营鸦片贸易日益猖獗。根据马士《中华帝国对外关系史》的资料，上海进口鸦片的箱数及全中国估计消费鸦片的箱数如下表所示。

上海进口鸦片数量与全中国估计消费鸦片数量对照表

年份	上海进口数量（箱）	全中国估计消费数量（箱）
1847	16500	33250
1848	16960	38000
1849	22981	43075
1853	24200	54574
1857	31907	60385
1858	33069	61966
1859	33786	62822
1860	28438	47681

1847年单从上海一地进口的鸦片，就比1830年以前全国进口的鸦片数量还要多，之后还逐渐增加，上海的鸦片进口量占全国鸦片进口量的半数以上。

外国商人运到上海来销售的大量鸦片，在1856年以前全部是走私进口的，其中大英轮船公司“玛利·伍德女士号”（Lady Mary Wood）的鸦片走私案就是当时轰动一时的案件之一。

鸦片战争以后，成千上万艘英、美轮船满载鸦片和洋货而来，饱掠白银、茶、丝而去，进一步扩大了鸦片贸易。中国白银大量外流，使英、美等资本主义国家获得了难以想象的巨额利润。马克思于1858年9月25日在《纽约每日论坛报》上发表的《鸦片贸易》一文揭露："英国政府在每箱鸦片上所花的费用约为250卢比，而在加尔各答拍卖市场上却按每箱1210—1600卢比的价格出售。""1856年输入中国的鸦片约值3500万元，同年英国政府从鸦片垄断贸易中就得到了2500万元的收入，恰好占国家总收入的六分之一。"

外国鸦片运销中国的数量日益增多，严重戕害了中国人民的身心健康，摧残了中国的社会生产力，甚至连当时的英国人蒙哥米利·马丁（Montgomery Matin）也不得不在事实面前承认："不用说，'奴隶贸易'比起'鸦片贸易'来，还是仁慈的。""贩卖鸦片者使不幸的人们的精神本质腐化、堕落和毁灭以后，还毒杀他们的身体，而每时每刻都向贪得无厌的吃人神贡献新的牺牲者。英国的杀人犯与中国的服毒自杀者互相竞争，向吃人神的神座上贡献祭品。”这是多么悲惨的画面啊！

外国商人通过鸦片贸易从中国人民身上掠夺的钱财之多是非常惊人的。以1849年上海口岸的进出口贸易为例，这一年中国出口总值是8 403 149元，这个数字只及同年进口鸦片总值13 404 230元的62.7%，也就是说，这一年经由上海运销国外的大量茶、丝及其他土特产，不仅只抵输入鸦片价值的62.7%，其余37.3%还要以白银去支付。

鸦片的输入及中国白银的外流，使中国财政与货币流通日益陷于混乱和困境。清政府在财政日益枯竭的情况下，不断加重对人民的榨取，旧的赋税加重了，新的税收又不断产生，从而加重了人民的负担。白银的大量外流，还影响了商品的流通，造成银贵钱贱的危机。据记载，19世纪初，1两白银换铜钱1000文以内，但到1845年即涨至要换2024文，1849年又上升到要换2355文。农民和手工业者出售的产品因价值数额小，一般以铜钱支付，但他们缴纳的地租和赋税却要按规定的银价折算，银贵钱贱危机直接使农民和手工业者大受其害。外国资本主义对中国进行的鸦片贸易，给中国人民带来的灾难和损害是多么惨重！

成群的外国商人和冒险家，在进行鸦片贸易的同时，还把大量的工业品源源不断地输入中国。在上海刚刚开埠的前几个月，就有7艘外国商船满载共值433 729两[①]的货物进口（不包括鸦片）。1844年，上海开埠的第二年，外国商船和货物骤然增加，其中仅英国商船即达44艘，共载货物8 584吨，货物价值约501 335镑，折合约1 453 871两。这个数目是相当大的，占鸦片战争以前1830—1833年英国平均每年输入整个中国货值700余万两的五分之一。在1843—1844年输入上海市场的货物中，除少量的硝石等以外，绝大部分是机械工业品，主要的如粗哔叽、羽毛纱、毛毯、天鹅绒、白布、灰布、

① 此处的两为上海银两，100海关两等于111.40上海银两。

印花布、铁皮、铅块和玻璃器皿等，尤以毛织品和棉织品比重较大。1845年，中国进口货物又成倍增加，抵达上海的外国商船增加为87艘，吨位24 396吨，货物值1 224 077镑。其中主要为英国轮船，其次为美国、西班牙、瑞典、荷兰等国家的轮船。1843—1845年是上海开埠的头三年，外国商品即汹涌流入，这正是外国资本主义穷凶极恶、不顾一切，并妄图一开始就迅速实现其贪欲的具体表现。但事态的发展恰恰与他们的愿望相反，1846年起，中国进口商品不但没有增加，反而不得不被迫减少，究其原因，是鸦片的大量进口掠夺了中国的巨额财富，削减了中国人民的购买力，以小农与家庭手工业紧密结合为基础的中国社会经济结构对外国资本主义的商业侵略形成了事实上的抵抗。

正当外国资本主义愈来愈不能满足于其对中国进行商业掠夺的状况时，英国侵略者借口所谓“亚罗号划艇事件”，对中国发动了第二次鸦片战争，战争从1856年10月开始，至1860年10月止，以清王朝的失败而告终。

腐朽的清王朝为了集中全力镇压太平天国运动，勾结外国侵略势力，早在战争第一阶段的1858年6月就接受侵略者的要求，又一次签订了丧权辱国的中英和中法《天津条约》。紧接着，清政府又进一步接受侵略者的要求，分别签订了中英、中法《北京条约》。其中规定，除承认《天津条约》有效外，增开天津为商埠等。第二次鸦片战争后，通商口岸遍布全中国，扩大了外国资本主义对中国的经济侵略；中国封建主义和外国资本主义公开同流合污，清政府对外国的商业侵略不仅不阻挠，而且多方进行勾结和支持。外国商品的不断输入，以及中国农副产品年复一年多地出口，导致农副产品日益增多地商品化。同时，欧美等国工业化的进一步发展，使得外国商品在中国市场上的售价日益低廉，导致了中国小农业与家庭手工业相结合的经济结构日趋崩坏，逐渐失去了抵抗外国商品的能力。

第二次鸦片战争爆发后，外国对中国的商品输出明显扩大。以上海商埠为例，如1855年7月至1856年6月，即第二次鸦片战争爆发前，上海进口各国货物的总值是6 492 299两，至《天津条约》签订后一年的1859年，便激增到20 635 130两，即增加了约2.2倍，之后更是逐年大幅度增加。

中国在当时是一个经济落后的国家，几乎没有工业可言，被搜购去的货物绝大部分是农副产品及工业原料，其中最主要的是茶、丝两项。中国的出口贸易受到外国资本的控制。上海开埠以后，由于外国商人、冒险家纷至沓来，许多外国商行先后由广州移到上海来开设，中国的对外贸易重心逐渐由广州向上海转移。浙江、安徽、江苏等省的茶、丝以往多远程运至广州出口，上海开埠以后，缩短了运销路线，节省了运输费用，这些商品大都就近转至上海输出。而且湖南、福建、江西、浙江、广东的植茶业都有发展，上海、广州等地有茶商附设茶厂，专门加工制造满足外国人所需的茶叶。这时中国的茶、丝出口贸易，几乎全部掌握在外国商人特别是英国商人手中，无论是贸易的数量还是价格，都为他们所左右。一部分中国商人则开始领用外国资本。中国的茶、丝业走上了依赖外国资本的道路，被迫服从于外国资本的需要。东南沿海的一些城市，成了外国资本深入渗透中国、推行殖民活动的基地。

上海开埠的头几年，茶叶由上海出口的并不太多，但不久即迅速增长。1843年中国茶叶出口17 727 250磅，全部由广州出口。1844年，即上海开埠后第二年，中国茶叶出口70 476 500磅，其中从上海出口1 149 000磅，仅占全国出口总量的1.6%；从广州出口69 327 500磅，占全国出口总量的98.4%。到了1853年，中国茶叶出口105 039 000磅，从上海出口69 431 000磅，占66.1%；从广州出口29 700 000磅，占28.3%；从福州出口5 950 000磅，占5.7%。1860年，中国茶叶出口121 388 100磅，其中从上海出口53 463 800磅，占44%；从广州出口27 924 300磅，占23%；从福州出口40 000 000磅，占33%。

从19世纪中期开始，中国茶叶出口逐年增加。1868

年起，海关已有进出口贸易统计，现将1869—1900年间中国历年输出茶叶数量、茶种类列表如下。

1869—1900年间中国茶叶输出数量、茶种类统计表

单位：担

种类 年份	红茶	绿茶	砖茶	毛茶	包种茶	总数
1869	734 609	129 394	44 466	411	5 064	913 944
1872	1 420 170	256 464	96 994	85	950	1 774 663
1874	1 444 249	212 834	74 793	—	3 504	1 735 380
1876	1 415 349	189 714	153 951	74	6 799	1 765 887
1878	1 517 617	172 826	194 277	—	14 236	1 898 956
1880	1 661 325	188 623	232 969	—	14 201	2 097 118
1882	1 611 917	178 839	219 027	—	7 368	2 017 151
1884	1 564 456	242 557	244 996	—	212	2 052 221
1886	1 654 058	192 930	361 492	95	8 720	2 217 295
1888	1 542 210	209 378	412 642	89	3 233	2 167 552
1890	1 151 092	199 504	297 168	33	17 632	1 665 429
1892	1 101 229	188 440	323 113	48	9 900	1 622 730
1894	1 217 215	233 456	395 506	—	16 126	1 862 303
1896	912 417	216 999	566 899	—	16 526	1 712 841
1898	847 133	185 306	498 425	—	7 736	1 538 600
1900	863 374	200 425	316 923	—	3 602	1 384 324

第一次鸦片战争后，中国茶叶输出贸易大致可分为四个时期：1843—1863年为发展时期，每年输出量由50万担上升为100多万担；1864—1879年为兴旺时期，每年输出量在150万担左右，其中红茶一项即达100万担以

上；1880—1888年为全盛时期，每年输出量在200万担以上，其中红茶一项即达150万担以上，从这时期开始，砖茶输出量大增，年达20万—30万担；1889—1917年为衰落时期，每年输出量在150万担左右。

茶叶是当时中国输出的大宗产品，自1869年以来直到1900年止，每年输出有三四千万两的价额，占同时期全中国出口总值的40%—50%，其中1869年、1871年、1872年和1874年分别占全国出口总值的61.64%、60.32%、59.50%和61.74%。

在最初的对外贸易中，中国茶叶出口英国的贸易量居第一位。19世纪中期，英国仍占第一位，美国居第二位。到19世纪后期，俄国居第一位，英国居第二位，美国居第三位。至于输出到其他国家之茶，除非洲稍有增加外，其他各国为数不多。1880—1904年间，中国茶叶输往的国家列表如下。

1880—1904年中国茶叶输出国别统计表

单位：担

年份＼国别	俄国	英国	美国	其他国家	总数
1880	357 325	1 456 747	269 740	13 306	2 097 118
1882	386 914	1 350 654	261 284	18 299	2 017 151
1884	448 334	1 276 228	273 255	18 401	2 016 218
1886	599 177	1 279 501	304 464	34 153	2 217 295
1888	675 177	1 109 942	302 071	80 362	2 167 552
1890	585 349	754 958	268 141	56 948	1 665 396
1892	541 519	709 372	209 876	161 914	1 622 681
1894	757 293	618 192	403 503	83 324	1 862 312
1896	922 003	494 866	226 301	60 671	1 703 841
1898	941 167	350 780	157 160	89 493	1 538 600
1900	665 686	350 763	255 383	112 495	1 384 327
1902	533 974	151 833	178 340	54 672	918 819
1904	256 530	313 443	136 842	170 900	877 715

鸦片战争以后，英国千方百计从中国搜购茶叶，除供应本国消费外，还转售欧洲大陆。1869年苏伊士运河开通，远东至英国航程缩短，加上马力大而快速的轮船的制造，使当年新茶能快速运至伦敦，因此，销售到英国的中国茶叶数量不断增加。在19世纪中期，中国茶叶

每年输往英国约30万担；1880年猛增至约146万担；1880年以后逐渐衰退，但仍在100万担以上；1890年，英国在其殖民地印度、锡兰（即今斯里兰卡）试植茶叶成功，中国销往英国的茶叶数量骤然下降。

中国红茶以英国为主要倾销国，红茶销往英国的鼎盛时期为1879—1881年，平均每年达100万担，占中国红茶总出口数量的60%以上。直到1886年，销往英国的红茶仍在80万担以上，占中国红茶总出口量的50%。自1890年以后，因受印、锡红茶影响，中国红茶销往英国的数量一落千丈。

中国绿茶销往英国的数量不如红茶多，1879—1900年，每年由5万担逐渐降为3万担，平均占中国绿茶总出口量的20%左右。

英国自17世纪末期起，一直从中国搜购茶叶，掌握此利润丰厚之贸易达200年之久。1886年达到贸易之最高峰，这一年为中国茶叶输出的历史最高纪录。此后，英国商人之目光转向印度、锡兰的茶叶，逐渐将中国市场让于其竞争对手俄国。

美国从中国搜购茶叶发展也很快。在1867年，中国茶叶销往美国的数量为194 153担，占美国消费总数的65%。1880—1900年，销往美国的中国茶叶中，红茶占三分之一，绿茶及乌龙茶占三分之二。销往美国的绿茶，主要为安徽的屯溪珍眉和浙江的平水珠茶，其中浙江的绿茶产品占绿茶总输出量的60%以上。

中国茶叶销往俄国，始于17世纪初期。到了1689年，中俄缔结《尼布楚条约》，中国茶叶开始有规则地由俄国政府派遣的商队或伊丽莎白女皇建立的私人商队用骆驼从陆路经蒙古及西伯利亚运抵俄国。到了19世纪初期，有英国商人把中国红茶少许输往俄国，当时俄国的购茶数量已逐渐增加。1820年，中国茶叶运销到俄国的已有27000担。直到19世纪中期，俄国商人见英、美等资本主义国家在中国搜购茶叶，获利颇丰，乃开始在中国组织机构运销茶叶。最初，俄国商人在汉口购买红茶，但不久即改为蒙古人嗜饮的砖茶。

1861年，汉口开放为对外通商口岸，俄国商人在汉口建立砖茶工厂，并着手改良砖茶压制方法。1880年以后，俄国取代了英国所遗留下来的地位。俄国人不但在汉口设立大规模的砖茶厂，并在福州、九江等地设厂制造砖茶。1891年以后，俄国对中国的茶叶贸易主要集中在汉口及九江，初时制造销往俄国的砖茶原料为零碎的茶末，后来因贸易上的发展，改为采用品质良好的茶叶用机器轧碎制成砖茶，由此俄国家庭所用的砖茶品质日益提高，销售数量也远胜红茶及未经压制的茶叶。最后，其输入大量的印度、锡兰及爪哇的茶末，以增加原料来源，提高砖茶产量。

1860—1880年间，取道蒙古的中俄商队贸易达到最兴盛的时期。1900年，海参崴至俄国的铁路修筑完成，茶叶输往俄国有了更便利的交通条件。

中国茶叶运销到俄国的主要是砖茶，其次为红茶。砖茶的国外市场，几乎都被俄国所占。自1879年以来，至1900年，砖茶销往俄国的数量普遍每年多则五六十万担，少则三四十万担；销往俄国的红茶数量每年多则三四十万担，少则一二十万担。其中，1897年达到690 644担，创中国红茶销俄的历史最高纪录。绿茶销往俄国数量较少，每年多则三四万担，少则几十担、几百担，呈现一种不稳定的状态。

鸦片战争后，中国农副产品不断出口，这种出口贸易对中国来说是十分不利的。这是因为当时中国是一个经济落后的农业国家，而前来贸易的是发达的资本主义工业国家，各自的社会性质和经济基础都不相同。尤其重要的是，外国资本主义国家利用不平等条约在中国攫取了种种贸易特权，是到中国来从事掠夺性贸易的，它们一方面要在中国市场上推销工业品，另一方面要把中国变成其农副产品和工业原料的供给地。其结果，不仅迫使中国的商品经济因被卷入世界市场而变成了世界资本主义经济的附庸，而且使中国的农业生产也不得不被迫为它们的利益服务。正如恩格斯所揭示的："在现时（引者按：指1858年）的条件下，除了鸦片和某些印度的棉花以外，对华贸易主要的仍应是中国商品——茶和丝——之输出，这种输出，多半以外国的需要为转移……”中国农业生产的某些部分，茶叶是其中之一，由于同资本主义国家建立和扩大了出口贸易，便逐渐失去了原有的独立性，不得不服从于外国资本主义的需要，并以它们的需要为转移，从而陷于从属和附庸地位。不仅如此，由于茶、丝等农副产品和工业原料的生产者是中国农民，购买者是外国资本集团，而居间这种买卖的又有成群的买办、商人、高利贷者和地主，所以这种贸易越是扩大，只能越有利于外国资本集团以及从中分取残羹的中国买办、商人、高利贷者和地主等剥削阶级，而有害于中国农民。外国资本主义国家在殖民地半殖民地的国家进行不等价交换，把茶、丝等价格压到实际成本以下，其中还要受到一大批居间人的中间剥削。农民在出售茶叶过程中，不仅在经济上直接受到中外各式各样的剥削者的盘剥，而且越来越深地被卷入商品市场，在经济上失去独立性。于是，农民不得不依赖于中间剥削者，从而陷入他们所设的商品经济和高利贷的剥削陷阱。为了生存，农民不得不忍受他们的杀价收购。因此，这种出口贸易越扩大，中国农民受到的盘剥就越重，中国社会经济的半殖民地化也就越深。鸦片战争后，五口通商，中国农产品出口贸易迅速扩大，给中国的社会经济和广大的中国农民带来的损害是严重的。

为什么鸦片战争后中国茶叶出口贸易会不断增长呢？这是一个值得研讨的问题。鸦片战争后，中国茶叶出口贸易的不断增长，是外国资本主义侵略势力不遗余力地搜购中国农副产品的必然结果。一切资本主义国家对经济落后国家进行殖民地贸易必定采用两把利剑：一是在殖民地推销其工业品，攫取贸易利润；二是在殖民地低价收购农副产品及工业原料，运回本国供应需要，并转销他国，获取利润。资本主义国家为了保证其工业生产的增长，避免遭受经济危机的袭击，攫取巨额的商业利润，一方面固然要把越来越多的工业品运到国外市场上推销，从而求取扩大再生产的不断进行；另一方面，原料的充分供应也是保证工业生产不断扩大进行的一个重要条件，而一般经济落后的国家大都有着廉价的农副产品及工业原料可供搜购。如果资本主义国家只向经济落后国家推销工业品，而不搜购农副产品及工业原料，工业品市场毕竟有限，这样一来，资本主义国家推销工业品的愿望也会落空。因此，资本主义国家在向经济落后国家推销其工业品的同时，又必然要在当地低价搜购农副产品及工业原料。中国当时不仅有着大量的工业原料，还出产独特的饮料——茶，而且这种饮料又是外国资本主义国家所大量地、急切地需要的。以茶而论，茶叶被运往英国、美国、法国、俄国后，经过再加工拼配，供应当地人享用，特别是英国人还经营欧洲大陆的茶叶贸易，从中获取了巨额的商业利润。丝也同样，外国商人从中国购得大量生丝后，几乎全部运往法国、英国的一些城市，织成绸缎在当地市场销售。

鸦片战争后茶叶出口贸易的不断增长，还与当时中国的自然经济解体和商品经济日益发展有关。鸦片战争前，中国的茶和丝本来大部分就是为市场而生产的，商品化程度很高，不仅供应国内市场的需要，而且大量运销欧美资本主义国家。鸦片战争后，外国资本集团以上海、广州、福州、汉口等通商口岸为基地，更进一步大量搜购中国的茶和丝，这就进一步增加了市场对这一类出口商品的需求。同时，由于大量外国棉纺织品的汹涌进口，农村自给自足的自然经济基础遭受越来越严重的冲击，以小农和家庭棉纺织手工业相结合为基础的农业经济趋向解体，并因而日益卷入商品市场之中。当时有许多农家都纷纷放弃棉纺织手工业而改营茶、丝生产，有不少农家甚至挤出种植粮食的田地或山地，去栽培茶树和桑树，甚至连食用的粮食都要依赖别处供应。茶园面积的日益扩大，茶叶产量的日益增加，再加上外国资本集团日益增多地掠夺中国的特产茶叶，这就促使鸦片战争后，中国茶叶出口贸易得以不断增长和扩大。据中华人民共和国成立以后的调查，安徽的皖南茶区、浙江的遂淳茶区[1]及平水茶区的一些山区，几乎是无山没有茶，不需人工种植，一丛丛有规则的茶树就可茁壮成长，稍加管理，两三年后就可成为采摘茶园。据说这些荒芜已久的茶山，大都是19世纪60年代（同治初年）前后的古人播种的。

如今，半殖民地半封建的旧中国早已彻底结束，一个独立自主的新中国已经屹立在世界的东方。我们要认真总结鸦片战争前后中国茶叶出口贸易的历史经验，从中汲取教训，努力提高茶叶质量，增加产量，扩大品种，在平等互利的条件下，同一切友好的国家开展茶叶贸易，为使中国成为现代化强国做出贡献。

① 淳安、遂安、开化，包括建德的一部分，历史上称遂淳茶区。

参考文献：

［1］格林堡. 鸦片战争前中英通商史［M］. 康成，译. 北京：商务印书馆，1961.

［2］黄苇. 上海开埠初期对外贸易研究［M］. 上海：上海人民出版社，1961.

［3］吴觉农，胡浩川. 中国茶叶复兴计划［M］. 上海：商务印书馆，1935.

［4］威廉·乌克斯. 茶叶全书［M］. 中国茶叶研究社，译. 上海：开明书店，1949.

［5］彭益. 中国近代手工业史资料［M］. 北京：生活·读书·新知三联书店，1957.

［6］中国社会科学院近代史研究所. 中国近代史稿（第一册）［M］. 北京：人民出版社，1978.

茶礼

饮茶起源

我们远古的祖先是怎样发现茶树的？是在什么时候开始利用茶树的？是在什么年代开始饮茶的？这些问题都是一般人需要了解的。

在《神农本草经》一书中，有“神农尝百草，日遇七十二毒，得茶而解之”的记载。《史记·三皇本纪》中也说：“（神农）尝百草，始有医药。”在我国，一谈起茶的起源，都将神农列为第一个发现茶和利用茶的人。《神农本草经》又名《本草经》，托名“神农”所作，约成书于秦汉时期，其中共收载药物365种，是中医经典著作之一。

耐人寻味的是，在江南茶区，自古流传着一个“神农与茶”的神奇而有趣的故事。说神农这个人很奇特，一生下来就有一个水晶似的肚子，吃下什么东西在肠胃里都可以看得很清楚。那时候，人们还不会用火来烧东西吃，吃的花草、野果、鱼虫、禽兽之类，都是生吞活咽的。因此，人们经常闹病。神农为了解除人们的疾苦，决心利用自己特殊的肚子，把看到的植物都试尝一遍，看看这些植物在肚子里的变化，以便让人们知道哪些植物可以吃，哪些有毒不能吃。就这样，他开始试尝百草。开始，他尝了一朵乳白的花，发现下面长着一片片嫩绿的叶。这几片绿叶真奇怪，一吃到肚子里，就看到它从上到下，又从下到上，到处翻动洗擦，好似在肚子里检查什么，把肠胃洗擦得清清楚楚。神农感到很新奇，就称呼这绿叶为“查”。后来，人们把它叫作“茶”。神农成年累月地跋山涉水，不辞辛苦地尝遍了百草，每天都得中毒几次，都是依靠茶来解救自己。神农根据百草在肚子里的变化，找出了在花草根叶中有470种是有毒的，有980多种是无毒的。神农并不就此满足，仍继续不停地尝百草，最后他见到一朵黄黄的像小茶花似的花儿，那花托的叶子一伸一缩地动着，他感到好奇，就把那叶子放在嘴里慢慢咀嚼。不一会儿，神农感到肚子很难受，还来不及吃茶叶，肠子就一截一截地断开了，神农就这样为拯救他人而牺牲了自己。人们称呼这草为“断肠草”。常言道：“神农尝药千千万，可治不了断肠伤。”虽然这只是一个传说，但从中也可以看出，现在的农业发展是先民用血汗甚至性命换来的。

我们在原始社会的祖先，为了生存，必须与饥饿和疾病做长期艰苦的斗争。原始农业和医学的建立，绝不可能是某一个时期某一个具体的人所能完成的，而是由千千万万劳动人民经过漫长岁月的长期生产实践的共同结果。后人因崇敬和怀念农业和医学的开拓者，而以美好的心愿特地塑造出来像神农氏这样的偶像，此外还有

“构木为巢，以避群害”的有巢氏、“钻燧取火，以化腥臊”的燧人氏、“作结绳而为网罟，以佃以渔”的伏羲氏等，是完全可以理解的。

从史料研究的角度来看，我们不能把神农确定为某一个年代的具体人物，但把神农作为一个特定的传说时代是合适的。那时，渔猎经济已有较大进步，开始形成母系氏族社会，这从古代遗迹中可以得到证明。汉代班固《白虎通义》记载：“古之人民皆食禽兽肉，至于神农，人民众多，禽兽不足。于是神农因天之时，分地之利……教民农作，神而化之，使民宜之，故谓之神农也。”这里说的神农，是指取得生活资料以农牧为主要手段代替以渔猎为主要手段的时代。在这个时代，茶已被人们发现而作为药料或食物的可能性是很大的。

茶和其他作物一样，从发现到利用，需要经过一段漫长的岁月。在夏商以前，虽未见有茶的记载，但自周朝开始，关于茶的正式记载就逐渐增多了，如《诗经·豳风·七月》中有“采荼薪樗，食我农夫”之句。《周礼·地官司徒》中说："掌茶：掌以时聚茶，以供丧事。"《华阳国志》中，也谈到周武王伐纣时，曾联合巴蜀等南方小国部落一起参加征战，部落的首领还带来巴蜀所产的茶叶作为"贡品"。在西周初期，我国西南一带部落已将茶作为珍贵的礼物向大国进贡。由此可以推想，在西周以前，甚至更远的原始公社逐渐解体到奴隶制度的时代，即夏商时代就可能发现和利用了茶叶。因此，饮茶的历史或许已有4000多年甚至更长。

当原始人类发现、利用了茶树，知道了茶叶对人体有医疗效用以后，对茶叶就充分注意和重视起来。据古书记载，茶叶开始只作为药用；到了周代，专门设置了管茶聚茶的官吏，将茶叶蒸煮之后供作丧事祭奠之用；到了春秋时代，已经提到生煮作羹饮，但没有专门作为饮料的记录。因此，对茶叶何时发展为日常饮料，众说纷纭，没有定论。陆羽在《茶经》中根据《尔雅》（"槚，苦茶"）和《晏子春秋》（"婴相齐景公时，食脱粟之饭，炙三弋五卵茗菜而已"）中有关茶事的记载，把周公旦和晏婴列为我国最先知道饮茶的人。有许多文献的作者说，我国饮茶始于春秋战国时期。有的人根据顾炎武《日知录》中“自秦人取蜀而后，始有茗饮之事”的记载，认为产茶和饮茶始于秦汉时期。《三国志》记载，三国时期，吴王孙皓每次大宴群臣，臣子至少得饮酒七升，因韦曜仅能饮酒两升，孙皓密赐他以茶代酒。因此，有人认为饮茶始于三国。美国作家威廉·乌克斯所著的《茶叶全书》中，甚至根据晋朝人张孟阳《登成都楼诗》有“芳茶冠六清，溢味播九区”之句，臆断中国茶叶在晋朝时由药用转为饮料。以上各种说法不一，对开始饮茶时间的推测，前后相距竟有千余年之久。我国饮茶的起源，无论说是秦汉还是春秋，时间都定得太迟，更不消说是晋代了。

上面提到的周武王伐纣时，巴蜀部落首领曾带有蜀茗进贡的事，这是历史上最早记载我国西南地区产茶的重要史料。另外，王褒《僮约》[①]一文，是我国现存最

①《僮约》，汉朝王褒所作，记奴婢契约。后以“僮约”泛称主奴契约或对奴仆的种种约束规定。

早、最有价值的有关饮茶、买茶的文献。王褒是四川资阳的一个儒生，到成都参加“策问”，寄居在他的亡友妻子杨惠寡妇的家里。杨氏有一个仆人叫“便了”。王褒爱喝酒，时常让便了去买酒，便了心存不满，于是怀疑王褒与杨氏有私。不久，杨氏将便了卖给王褒，便了就成了王褒专用的仆人，双方立定契约，这就是王褒所作的《僮约》。《僮约》中规定了便了每天应该做的劳役，其中涉及茶的有“烹茶尽具”“武阳买茶”两句。武阳位于今四川彭山县东，是汉代的经济、文化中心城市之一，附近岷江两岸又为古代的产茶区。《僮约》中的“武阳买茶”就是说，王褒为了自己喝茶或款待客人，规定便了要到武阳去买茶。“烹茶尽具”一句，对研究古代茶叶饮用方法和饮具的考证大有帮助。“烹茶”二字可理解为将茶叶直接放入煎煮器中煎成茶汁以后，倒入杯中而饮；也可以理解为在茶汁中加入其他物料作羹饮。“尽具”二字，就是说煮茶和盛茶之时，要将器皿洗涤干净，整理放好，不得马虎。《僮约》的记载说明在秦汉时期，四川产茶已有相当规模，制茶方面也有所发展，并且已由药用、食用转变为上层士大夫生活中佐食的必需饮品，说明茶叶在当时已成为主要商品之一。

在历史的长河中，所有一切都彼此关联着，饮茶的历史也不会例外。茶叶的生产与贸易，也总是与社会的消费直接关联。我国西南边境山区的少数民族早在远古时代便发现茶有医药作用，一开始只需采集一些野生茶树的嫩叶便可得到满足，后来需求量逐步加大，人们将野生大茶树砍倒，采集细枝条上的幼嫩芽叶，即《茶经》中所说的“伐而掇之”。长此下去，全部野生大茶树面临被砍光伐尽的危险。为了能得到较多制茶原料，当时的人们就根据种植其他农作物的常识，尝试人工栽茶。茶叶成为一种经常消费的食品和饮料之后，茶树的栽培就由少到多地逐步蔓延开来。可以想见，消费是生产的推动力。茶叶商品化，推动了茶叶的贸易和茶产品的生产。随着茶叶生产、消费和贸易的进一步发展，在一个较大的范围内逐渐地自然形成一个或几个茶叶产销中心市场。

茶树从开始饮用到栽培，由自给自足发展到商品生产，由少量商品生产到形成茶叶产销中心市场，在古代需要几个世纪或更长的岁月。因此，《僮约》所载的内容，并不能证明我国最早饮茶始于此，只能说四川地区在秦汉时期饮茶已相当普遍。我国开始饮茶的时间，应该是王褒所处的时代再往前追溯千百年。

根据考古和民族志的资料，得知现行的几种饮料和嗜好品的发现和利用都是很远古的。如黑人远在史前已知咖啡饮料，烟草在原始时期就已被发明，我国在殷商时期已知酿酒。茶最初作为药用，仅以未加工的生叶煎服，或烤饮，有如现存的烤茶一样，其味虽苦，但香气馥郁，颇能引起快感，且具有消除疲劳之功效。历史上，居住在我国西南边陲山区的少数民族部落珍视茶叶，很早便将其作为日常饮料，是完全有可能的。因此，笔者认为，饮茶的起源至少应追溯到西周以前。

饮茶传播

自我国西南地区发现和利用茶叶以来，经过1000多年的漫长时间，至西汉时，饮茶的传播范围已较为广阔，并已传播到江南一带。

在春秋战国后期及西汉初年，我国历史上曾发生过几次大规模的战争，造成了人口的大迁徙。特别是秦统一巴蜀国以后，促进了经济文化的交流，四川、云南一带的茶树栽培、茶叶制作技术及饮用方法开始向当时的政治、经济、文化中心陕西、河南等地传播，这是陕西、河南成为我国北方古老茶区的原因。其后，依长江的便利逐渐向长江中下游推进，并传播到南方各省。

在汉代，记载茶事的史料已逐渐增多，如西汉杨雄《蜀都赋》中有“百华投春，隆隐芬芳，蔓茗荧郁，翠紫青黄”之句，极度赞赏茶味的优美。在《赵飞燕别传》中，有一段关于饮茶的记载，说：“成帝崩，后一日梦中惊啼甚久，侍者呼问，方觉，乃言曰：‘吾梦中见帝，帝赐吾坐，命进茶。左右奏帝云，后向日侍帝不谨，不合啜此茶。’”说明在西汉时期，茶已成为皇室的一种饮料了。史料中关于汉代茶事的记载还有很多，例如“阳羡买茶”；汉王至江苏宜兴茗岭“课童艺茶”；汉代名士葛玄在浙江天台山设有“植茶之国”，在临海盖竹山有仙翁茶园，旧传葛玄植茗于此；余姚人虞洪上山采茗，遇仙人丹丘子，获得大茗；等等。这些记载，说明当时在江苏、浙江一带已有茶树栽植，并开始招收学童，传授制茶技艺。如果没有过去长期积累下来的茶树栽培和制茶经验，如果没有人民对茶叶风味的强烈要求，扩大消费，哪里能够“课童艺茶”呢？可以想见，我国江南一带在汉代已知饮茶。

在晋代以前，我国广大地区普遍把茶视作一种非常珍贵的饮料。到了两晋、南北朝时期，茶产渐丰，饮茶日广，关于饮茶的记载也日益增多。《晋书》记载，敦煌人单道开是西晋末年的僧徒，他在邺都（今河北临漳）坐禅，不畏寒暑，常服“小石子”，每日吞服几粒混合了松子、桂皮、蜂蜜、姜、茯苓等物的药丸子，此外，只饮茶苏（又称茶粥）一两升。《茶经》引《广陵耆老传》中提到：“晋元帝时，有老姥每旦独提一器茗，往市鬻之，市人竞买。”《晋中兴书》有一段记载吴兴太守生活俭朴的故事，原文是：“陆纳为吴兴太守，时卫将军谢安常欲诣纳。纳兄子俶怪纳无所备，不敢问之，乃私蓄十数人馔。安既至，所设唯茶果而已。俶遂陈盛馔，珍羞必具。及安去，纳杖俶四十，云：‘汝既不能光益叔父，奈何秽吾素业。’”《南齐书》记载，齐武帝临死之前在一道诏书上写着“灵上慎勿以牲为祭，唯设饼、茶饮、干饭、酒脯而已。天下贵贱，咸同此制”，规定了用茶、饭等代替牲畜作为祭品。从以上史料看，茶叶的商品化已到了相当高的程度，同时，随着茶叶生产的发展，产量的增加，茶叶不再是奢侈品，而成为一种普通饮料并作为质朴的象征了。

茶叶商品化以后，为求得广泛销售，开始注意精细采制，讲究质量。在南北朝初期，以上等的茶叶作为贡品。在南朝宋山谦之所著的《吴兴记》中，有一段记载，说浙江乌程县（即今湖州吴兴）西二十里，有温山，所产之茶，专作进贡之用。为讨皇帝的欢心，人们对贡茶的采制越加精益求精，推动了制茶技术的发展。

汉代，佛教自西域传入我国，到了南北朝时更为盛行。佛教提倡坐禅，饮茶可以镇定精神，可以驱除睡魔，茶的声誉遂驰名于世。因此，一些僧道寺院所在的山地，以及封建庄园，都开始种植茶树，人们普遍开始注重饮茶。在我国名目繁多、品质优胜的名茶中，有相当多的一部分最初是由佛教徒和道教徒种植的。如四川蒙顶、黄山毛峰、庐山云雾、天台华顶、雁荡毛峰、西湖龙井、武夷岩茶以及普陀佛茶等，都是在名山大川的寺院附近出产的。佛教徒和道教徒与茶有着不解之缘，对茶种植、饮用和传播起到了一定的推动作用。

南北朝以后，一些士大夫为逃避现实，终日清谈，品茶赋诗，习以为常。当时，茶在南方已成为一种“比屋皆饮”和“坐席竟下饮”的普通饮料。此时，北方尚不重视饮茶。北朝那些出身游牧部落的王公贵族，仍习惯以乳酪为浆，视饮茶为低贱和可耻。据杨衒之《洛阳伽蓝记》所载，王肃是当时显贵，从南齐奔北魏，初到时，不食羊肉酪浆，常以鱼羹为食，茗汁为饮。给事中刘镐慕王肃之风，专习茗饮。彭城王勰讽刺刘镐说：“卿不慕王侯八珍，好苍头水厄；海上有逐臭之夫，里内有学颦之妇，以卿言之，即是也。”同书还记载，北魏大夫杨元慎也曾以“菰稗为饭，茗饮作浆”，加辱梁使。这些都说明在当时的北魏，茶被视作不好之物。但随着文化的交融，南北逐渐接受了对方的饮食及其相关的文化。

史称隋文帝嗜茶，一些贪图名位之人，阿谀奉承，也有力地推动了社会饮茶风气的盛行。

唐朝时，修文息武，重视农作，促进了茶叶生产的进一步发展，同时也为研究茶叶提供了良好的条件。在此期间，文人学士提倡茗饮，以茶作为吟诗作赋的对象更为盛行。我国第一部茶叶著作——陆羽《茶经》也在此时问世。

该书对茶的起源、历史、栽培、采制、煮茶、用水、品饮等都做了精湛的论述。《茶经》可以说是茶叶商品的宣传资料，它的历史久远，是中国乃至世界上现存最早、最完整、最全面的茶学专著，被誉为“茶叶百科全书”。继《茶经》之后，陆羽的好友卢仝又作著名的《饮茶歌》，大肆宣扬茶的功用，从此饮茶之风就像以石投池的水波一样，向四面八方传播开来。

唐时，南北各城镇已出现了与今日相仿的茶肆，只要投钱，随时都可取饮。唐人封演《封氏闻见记》中记载，开元中（713—741），从山东兖州、临淄、惠民到河北的沧州，直至洛阳、长安，“城市多开店铺，煎茶卖之，不问道俗，投钱取饮。其茶自江淮而来，舟车相继，所在山积，色类甚多”。同一书中又说：“古人亦饮茶耳，但不如今人溺之甚，穷日尽夜，殆成风俗，始自中地，流于塞外。往年回鹘入朝，大驱名马，市茶而归。”从中可知，唐朝时，饮茶之风已由南方传播到黄河北岸，并且远及塞外。不仅如此，就是居住在我国西藏、新疆、内蒙古和青海等地的少数民族，原来不知茶为何物，甚至曾以茗饮为耻事，一旦领略了饮茶真趣和奇特风味，很快就养成习惯，茶也就成了他们日常生活中不可缺少的必需品。

唐朝李肇的《唐国史补》中说，唐朝有使者叫常鲁公，到了西番，烹茶帐中，赞普问他煮什么，常鲁公说：“涤烦疗渴，所谓茶也。”赞普说自己也有茶，于是叫人拿出来，指着说：“此寿州者（即霍山黄芽），此舒州者，此顾渚者（即顾渚紫笋），此蕲门者（即蕲门团黄），此昌明者（即昌明兽目）……”可见，唐时饮茶之风已盛，连新疆、西藏一带的王公贵族家里都已储备各色主要名茶了。

还值得一提的是，唐时饮茶传播到西藏，这是与文成公主的功绩分不开的。唐朝的文成公主远嫁西藏，带去了饮茶之风。茶传播到西藏，并与佛教进一步融合，布道弘法，促成了西藏喇嘛寺空前规模的茶会的出现。

唐代，茶叶已成为全国人民的主要消费品，产茶区域已很辽阔，广及江苏、浙江、安徽、江西、湖南、湖北、四川、云南、广西、贵州、广东、福建、陕西、河南等省，产区分布与现今全国茶区分布基本相同。当时茶叶产量以江淮一带较多，浮梁、湖州等都是著名的茶叶集散地。

我国自唐时回鹘驱马市茶，而至宋时，西北边区设立茶市，这时茶已发展为交换西北边区土特产的主要商品，促进了茶叶生产的进一步发展。到了元明清，社会上饮茶风气愈盛，人们嗜好茶叶的习惯更为普遍，从起居坐卧直到饮食应酬都离不开茶叶，市镇和乡村的茶楼茶馆比比皆是，从而促进了茶叶生产的发展。

我国饮茶习俗向海外传播的历史很久远。据史料记载，早在西汉时期，我国曾与南洋诸国通商。汉武帝派出译使携带黄金、缯帛和土特产，包括茶叶，由广东出海至中南半岛和印度南部等地，从此茶叶在这一带首先传播开来。与此同时，我国的茶叶又经过朝鲜乐浪郡传入日本。南北朝齐武帝永明年间（483—493），我国与土耳其商人贸易时，茶叶为首先输出的商品之一。隋文帝开皇十三年（593），即日本圣德太子时代，中国美术、佛教输出日本时，饮茶习俗也同时输出。以上都是我国早期将饮茶习俗传播到海外的简况。

唐代时，我国封建社会高度发展，扬州、明州（今宁波）、广州、泉州等海港对外贸易繁荣，朝廷专设市舶司管理海上贸易，准商人自由买卖。因此，这一时期，中国有大批茶叶输往海外。

唐顺宗永贞元年（805），日本最澄禅师来我国研究佛学，归国时带回茶籽试种，并带回一箱十斤装的茶叶赠送给弘法大师（空海），以表敬意。

在宋代，日本荣西禅师又先后两次来我国学习佛经，归国时带回茶籽播种。他还根据我国寺院的饮茶方法，制定饮茶仪式，晚年著有《吃茶养生记》一书。该书被称为日本第一部茶书，说茶是“圣药”“万灵长寿剂”，对推动日本社会饮茶有重大作用。所以，后人称《茶经》与《吃茶养生记》为世界上最早最佳的宣传茶叶的姊妹作。

宋元时期，我国对外贸易的海港增加到八九处，市舶司的职能进一步扩大。广州、泉州通南洋诸国，明州有日本、高丽船舶往来，这时我国茶叶已成为主要出口商品之一。

明代，政府采取积极的对外政策，曾七次派遣郑和下西洋，遍历东南亚、阿拉伯半岛，直达非洲东岸，加强了与这些地区的经济联系，茶叶输出量增加。在这期间，西欧各国的商人先后东来，从这些地区转运中国茶叶，并在本国上层阶级中推广饮茶。

在欧洲的文献中，最初提到茶叶的是明世宗嘉靖三十八年（1559），由意大利著名作家拉马斯沃所著的《中国茶》《航海旅行记》两部书，其中都记述了我国的茶事。葡萄牙传教士克罗兹神父是在我国传播天主教的第一人，1560年将我国的茶叶品类及饮茶方法等知识传入欧洲。

明神宗万历三十五年（1607），荷兰海船自爪哇来我国澳门贩茶转运欧洲，这是我国茶叶直接销往欧洲的最早记录。不久，茶叶即成为荷兰上流社会最时髦的饮料。由于荷兰人的宣传，饮茶之风推广到英、法等国。1631年，英国船长威忒专程率船东行，首次自中国运去茶叶。此后，英国、瑞典、荷兰、丹麦、法国、西班牙、德国、匈牙利等国的商船纷纷慕名而至，每年都从我国贩运茶叶。

1662年，嗜好饮茶的葡萄牙公主凯瑟琳嫁给英王查理二世，成为英国第一位饮茶王后。从此，饮茶习惯风靡全英国，并逐渐推行于英国妇女界，甚至朝廷中风行的葡萄酒、烧酒等烈性酒精饮料也被温和饮料——茶所代替。茶最初传播到欧洲时，荷兰人和英国人视其为贡品和奢侈品，价格高昂。在莎士比亚时代，一磅茶价值六至十镑。随着茶叶输入量的不断增加，其价格逐渐变得低廉，最后成为家喻户晓的饮料，英国人也因此成了世界上最大的茶客。

到了清初顺治、康熙年间，英国商人开始直接从我国贩运大量茶叶，除供给国内消费外，还转运到美洲殖民地去。到了清雍正年间，饮茶之风已普及美洲各城镇和乡村。

我国茶叶从陆路输出欧亚的历史也源远流长，早在五六世纪的南北朝时期，土耳其商队即在华北、蒙古边疆地区将茶叶输出，后来传到波斯、土耳其、阿拉伯等地。17世纪初期，波斯人已有开设茶馆卖茶，供人饮用的记载。俄国人饮茶的风俗，开始是由波斯和土耳其商人传去的。明隆庆元年（1567），两个俄国人首次将我国饮茶的消息传入本国，而茶叶传入俄国，则在明万历四十六年（1618），其时由中国大使携带几箱茶叶作为珍贵的礼物赠送给俄国朝廷。清康熙二十八年（1689），我国茶叶经蒙古商队路线源源不断地运往俄国，行销很广，并由此传入欧洲，使斯拉夫族也成为嗜好饮茶的民族。

北非摩洛哥、突尼斯、阿尔及利亚等阿拉伯国家人民为世界上绿茶的嗜好者，生活在那里的居民，多数信奉伊斯兰教，教徒限于戒律，不能饮酒，多以茶代替，所以这些地区成了绿茶的主要销地。这主要靠荷兰、法国转手传入的。

在我国古代对外贸易史上，有一条举世闻名的“茶马古道”。中国历史上辽宋夏金时期是南北对抗最剧烈的一段时期。对抗的结果是，宋朝北方的贸易之路几乎断绝，但宋朝对马匹的需求量日益增多。然而，因为南北阻隔，宋朝得不到北方的马匹，只能到盛产马匹的南方滇缅一带买马，同时用宋朝所产的大量优质的茶叶与之交换，这样一来南方原来的“丝绸之路”就变成了“茶马古道”了。通过“茶马古道”，茶叶源源不断地销往西藏地区以及缅甸、尼泊尔、印度诸国。

茶宴与茶道

茶宴从何时开始，难以查证，但从日常生活中客来敬茶、以茶代酒或以茶祭祖等习惯来分析，茶宴的形成和发展已有悠久的历史了。古代宗法制度形成时，提倡尊祖敬宗，有以酒为祭之举。宴会时，必先由尊长用酒祭地，在神明之前陈设牲畜、酒肴、果品等，以为祭奠。有些地方后因禁酒，而以茶代酒。

三国两晋时，饮茶的风气渐盛，并逐渐传入宫廷。吴国末年，孙皓每次大宴群臣，都要把他们灌醉。大臣韦曜的酒量很小，孙皓就密赐他以茶代酒。此后，文人多以茶接待宾客。南齐武帝（483—493年在位）临终前有遗诏，规定在灵堂前勿以牲畜为祭，只放饼果、茶饮、干饭、酒脯就行了，天下人不论贵贱，一律按此规定办理。之后，这就被当作一种制度沿袭下来。唐代韩翃曾写过一篇《为田神玉谢茶表》，其中有茶分赐群臣之句：“吴主礼贤，方闻置茗；晋臣爱客，才有分茶。”唐代柳宗元的《为武中丞谢赐新茶表》，描述武中丞收到皇上赏赐的新茶后受宠若惊的情态，以此夸赞新茶的珍贵。这些都可以说是茶宴的渊源。

正式的茶宴名称，出现于唐代。《茶事拾遗》中记载：“钱起，字仲文，与赵莒为茶宴，又尝过长孙宅与郎上人作茶会。”钱起（722—780），吴兴人，著名诗人，天宝十年（751）进士，后升侍郎之职。他曾作许多茶诗，其中有“竹下忘言对紫茶，全胜羽客醉流霞。尘心洗尽兴难尽，一树蝉声片影斜”，写出在竹下举行茶宴，可把尘心洗尽，而雅兴难尽之感。唐代顾况（约730—

806后）在《茶赋》中说："罗玳筵，展瑶席。凝藻思，开灵液。赐名臣，留上客。谷莺啭，宫女嚬。泛浓华，漱芳津。出恒品，先众珍。"说明天子以天下名茶，举行茶宴，宴请名臣上客。

在唐时，湖州紫笋茶和常州紫笋茶同时入贡。每年早春造茶修贡的季节，两州的太守都要到两州毗邻的茶山（顾渚山）境会亭聚会，举行盛大的茶宴，和一些名士共同品尝、审定贡茶的质量。两州太守都邀请在苏州做官的白乐天参加茶宴，乐天因病不能前往，写了一首《夜闻贾常州、崔湖州茶山境会想羡欢宴因寄此诗》，诗中写道："遥闻境会茶山夜，珠翠歌钟俱绕身。盘下中分两州界，灯前合作一家春。青娥递舞应争妙，紫笋齐尝各斗新。自叹花时北窗下，蒲黄酒对病眠人。"诗人以生花妙笔描绘了茶山境会的盛况和不能到会的惋惜心情。

关于唐代茶宴的盛况，以唐德宗时代（780—805）吕温所作的一篇著名的文章《三月三日茶宴序》说得最明白："三月三日，上巳禊饮之日也。诸子议以茶酌而代焉。乃拨花砌，憩庭阴，清风逐人，日色留兴。卧指青霭，坐攀香枝。闲莺近席而未飞，红蕊拂衣而不散。乃命酌香沫，浮素杯，殷凝琥珀之色，不令人醉。微觉清思，虽五云仙浆，无复加也。”描绘了在皇上约定的饮酒之日，则以茶酌代之，茶宴时的环境布置，清净幽美，宫女侍奉香茗，在茶杯中凝着琥珀之色，品饮之后，既不醉人，又增清思，实为仙浆等饮料所不能比拟。吕温（771—811），山东泰安人，798年中进士，后升为户部员外郎，为柳宗元、刘禹锡等人的好友。这篇茶宴序，记录的正是他在皇宫中看到的情景，说明统治阶级在皇宫中嗜好品茶已盛行。

我国古代茶与寺院、佛教的关系十分密切。特别是在寺院中，实行戒酒，茶能使人节食，帮助坐禅提神、清心修行。正如《茶经》所说：“茶之为用，味至寒，为饮最宜精行俭德之人。”同时，茶叶是当时用于社交的一种温和的饮料，因此，在寺院中饮茶之风流传极广。唐封演所著的《封氏闻见记》中说：“开元中，泰山灵岩寺有降魔师大兴禅教，学禅务于不寐，又不夕食，皆许其饮茶。”又有《蛮瓯志》记载，觉林寺僧“收茶三等。待客以惊雷荚，自奉以萱草带，供佛以紫茸香。盖最上以供佛，而最下以自奉也。客赴茶者，皆以油囊盛余沥以归”。

由于宗室及寺院提倡饮茶，茶宴、茶会成了当时的一种时尚，饮茶已从寺院、社会上层阶级逐步扩大到人民生活中去。一些文人学士往往邀请三五知己，在雅洁精致的室内或花木扶疏的庭院中，设品茶之会。主人用名茶招待客人，煮好的茶汤，倒入像酒盅大小的古瓷盅内，众人一边细细品尝，一边咏诗弄赋，直到尝遍主人准备的种种名茶，诗赋也成章了，才兴尽而散。这一时期，陆羽、卢仝、刘禹锡、颜真卿、白居易、封演、刘贞亮等人著书立说，以茶为命题的诗词大量传播，不仅普及了茶叶的知识，而且对茶叶的生产和发展也起到很大的促进作用。

我国宋代茶叶生产日益扩大，民间饮茶、制茶方法日益创新。一些权贵为了奉迎帝王的欢心，“斗茶”之风也应运而生。正如范仲淹《斗茶歌》中所说的：“北苑将期献天子，林下雄豪先斗美。”寺院及名茶产地都有斗茶之举，这进一步充实了茶宴的内容，也是当时社会推行茶宴的必然结果。

宋代帝王嗜茶之风更甚于唐代，特别是宋徽宗，爱茶如命，著有《大观茶论》。宋代李邦彦在《延福宫曲宴记》中说：“宣和二年（1120）十二月癸巳，召宰执亲王、学士曲宴于延福宫，命近侍取茶具，亲手注汤击拂。少顷，白乳浮盏面，如疏星淡月，顾诸臣曰：‘此自布茶。’饮毕，皆顿首谢。”记述了在宣和二年（1120）举行配乐茶宴，宋徽宗亲自烹茶赐宴群臣的情况。

在我国名山寺院中，早就有“煎茶敬奉”的仪式。到了宋代，在佛教中，提倡禁酒素食，坐禅戒睡，更需饮茶。坐谈佛经，共叙茶宴，已为寺院不可缺少的活动。如杭州余杭的径山寺，有着悠久的茶宴历史，是学界及日本茶界公认的日本茶道的源头。唐大历四年（769），唐代宗下旨建“径山禅寺”。宋乾道二年（1166），宋孝宗御书“径山兴圣万寿禅寺”，悬挂于天王殿大门之上。自宋至元，径山寺成为江南禅林之冠，殿宇楼阁，瑰丽庄严。当时径山寺香火不绝，食僧达千人，不但国内四方僧侣云集，而且连日本禅僧也纷纷冒险渡海，慕名而至。径山寺不但是个著名的禅林院，而且是一个著名的茶区。这里泉清茗香，饮茶之风盛行，常举行茶宴，以茶为待客的礼仪。选一安静的僧楼，案头设四时鲜花，壁上挂名人书画，布置得庄严肃穆，采用一套式样古雅的茶具，沏上清香可口的径山名茶。僧侣圈圈危坐，依照严格规定的礼节，边喝茶，边讨论佛道、议事叙景，僧侣们认为其中包含着一种微妙的哲学，是精神上至高无上的享受。径山寺有各种鉴评优质茶叶的“斗茶”竞争游戏，还有把幼嫩的优质芽茶碾碎成粉末，用沸水冲泡、调制的“点茶法”。在宋、元、明、清各代，当人们登山游览或进香时，住持的方丈和尚会高兴地引人登上僧楼，端出一杯鲜爽可口的香茗，并引人领略径山的美景。王畿《径山寺》做了这样的描述："登高喜雨坐僧楼，共语茶林意更幽。万丈龙潭飞瀑倒，五峰鹤树片云收。碑含御制侵苔碧，经启昙花拂暑秋。还拟凌霄好风月，海门东望大江流。"如在径山寺做客，山堂夜座，汲泉煮茗，至水火相战，如听松涛，清芬满杯，云光潋滟，此时出气，真有"不待清风生两腋，清风先向舌端生"之感。在中华人民共和国成立前，径山寺仍挂有"尝本山新茗"的招贴，以吸收香客和四方游人。近年来，径山禅寺作为"径山茶宴"这一国家非遗项目的传承者，逐渐确立了径山茶礼恢复的流程及器物等，培养寺院数位法师作为专职"茶头僧"，使径山茶礼得以恢复呈现。

客来敬茶

英国文学家迪斯拉利（Isaac D'Israeli）1790年发表了《文学之珍异》一文，其中提到："茶叶之进展，颇类似真理之进展；始则被怀疑，仅少许敢于尝者能知其甘美；及其流行浸广，则被抵制；及其传播普及，则被侮辱；最后乃获取胜利，使全国自宫廷以迄草庐皆得心旷神怡。此不过时间及其自身德性之缓和而不可抗之力而已。"

目前，茶已经成为世界普及的大众饮料了。人们喜爱喝茶，除了茶能生津止渴，振奋精神，提高劳动效率，且有益于人体的健康以外，更重要的还因为茶是纯洁、真诚、友谊、和平的象征。

“淡酒邀明月，香茶迎故人”，这是多么富有诗情画意和生活情趣的画面。客来敬茶是我国人民交友待客的传统礼节。唐代李郢有“使君爱客情无已，客在金台价无比”之句，宋代郑清之有“一杯春露暂留客，两腋清风几欲仙”之句，都说明了我国人民自古好客，不仅客来敬茶，还要以茶留客。早在远古时期，即便饮茶方法简陋原始，调制出的味道苦涩不适口，但作为药用的茶，也有被用来款待宾客。《晋中兴书》谈到陆纳为吴兴太守时，卫将军谢安常去看望陆纳，陆纳只备茶果。陆纳的侄子埋怨他的叔父不做准备，但又不敢去问他，于是私下准备了丰盛的菜肴。客人走后，陆纳责罚了他的侄子，并且说：“你不能给叔父增光，为什么还要玷污我一向所保持的朴素作风？”他认为，以茶敬客是俭朴素业的象征。晋哀帝（362—365年在位）的岳父王濛是一个有名的茶客，他每天饮茶，将茶放在宾客面前敬客，因茶味太苦，宾客多不敢多喝。

在唐代以前，人们已知道茶的功效有帮助消化、增进食欲等，待客时，必先取出食品盘碟，再取出茶，以表心意。陆羽《茶经》问世以后，茶逐渐成为全国各地普遍的饮料。

一千多年来，我国不论富贵之户还是贫穷之家，不论上层社会还是下层社会，都爱好饮茶，饮茶不拘时间，昼夜都可以任意取茶供饮。在营业、交际、居家以及其他一切场合，都可以茶为应酬品。古时家中有客至，茶是必不可少的款待物。寒暄一番，即以新泡的有托盖的碗茶献客，每人一碗，饮时先举起托碗至胸前，向在座者表示敬意，然后开始细啜慢谈。

客来敬茶，不但要选用好茶，还很讲究泡饮的艺术。曹雪芹在《红楼梦》第四十一回中，写了宝玉、黛玉、宝钗到栊翠庵饮茶的情节。妙玉亲手泡茶待客，泡的是君山名茶老君眉，盛茶的是瓟爮斝、点犀盉，煮的是陈年梅花雪水，泡出茶来，自然是清醇可口，饮后令人心怡神爽，非一般茶可以比拟。

古人对品茶有“一人得神，二人得趣，三人得味，七八人是名施茶”的说法，仔细琢磨，其中确有几分道理。有人经常在闲暇时，捧上一个紫砂壶，一边沉思，一边慢饮，不消说饮者饮得出神，旁观者也觉得有一种意趣。三两知己，久别重逢，一边喝着芳香的浓茶，一边促膝谈心，窃窃私语，倾吐句句真情。如果说“酒逢知己千杯少”，茶又何尝不是如此呢？至于七八人一起饮茶，那往往是高谈阔论，一片喧哗，在座者斟大杯，饮满口，多用以消暑止渴而已，谈心就不太可能了。明代湖州司理冯正卿，嗜好茶，曾著《岕茶笺》，对岕茶待客的方法提出自己的看法：饮岕茶的，壶以小为贵，每一客，则一壶，任其自斟自饮，方为得趣。因为壶小茶香不易涣散，茶味不易耽搁，而且茶中的香味不先不后，只有一时，太早则未足，太迟则已过，恰到好处时，一泻而尽，才能领略到茶的真味。

我国不论哪一个民族的人民都有重情好客的传统美德，这种好习俗一直流传到现在。南宋时的杭州，每年立夏之日，家家各烹新茶，并配以各色细果，馈送亲友比邻，俗称“七家茶”。这种习俗，直至今日杭州郊区农村还保留着。江南一带，每逢新年佳节，以“元宝茶”敬客，即在茶盏内放两颗青橄榄，表示新春祝福之意。有的还在茶中加些菊花或者青梅子。新春佳节，在我国南北方的广大农村，客人来访时，主人总要先泡茶，然后端上糖果、糕点等，配饮香茗，以示祝愿。我国边疆少数民族待客诚挚，尤尚民族礼仪。到蒙古包去做客，主人常常阖家出门躬身相迎，让出最好的铺位，献上最美的奶茶、点心。在云南布朗族村，主人总是以享有盛名的清茶、花生、烤红薯等土特产来迎宾待客。在鄂温克族牧场，主人按传统礼节必然向客人敬奶茶，吃鹿的胸口肉、脊骨肉、肥肠和驯鹿奶。景颇族见到过往客人，不管相识与否，都要邀回“帮吃”（就是请吃饭），喝“烤茶”。在湖南、广西毗邻地区的苗族或侗族山寨，主人会让客人尝尝难得的“打油茶”。如果到藏族人家里做客，主人总是以酥油茶作为最隆重的礼遇来敬奉客人。以上这些都是我国少数民族自古流传下来的饮茶习俗。

饮茶，除了用于招待偶然来访之客外，也用于正式的宴会。当贵宾入门时，首先经过一番寒暄，然后主人献上茶饮，品茶后，再正式进餐，餐毕又继续饮茶畅谈。情深义重，借茶表达。

现代客来敬茶习俗多少有些改变了，特别是用具方面，比过去简化了。现在的茶具多数为有盖瓷杯或透明玻璃杯，来客人数多时，茶泡在大茶壶里，倾汤入茶杯，一人一杯，各自品饮。个别知己，又嗜茶者，也采用特制的小壶。泡饮的茶叶，一般有红茶、绿茶、花薰茶，考究的人家备有高级乌龙茶和其他各色名茶。如来客是北方的老年人，与其献上一杯美味的西湖龙井，倒不如泡制一杯普通茶香、花香兼备的“香片”；如来客是个青年，特别是妇女，与其献上一杯香高味浓的高山云雾茶，还不如泡制一杯香清味醇的毛尖茶或碧螺春，更容易赢得她的欢心。

自古以来，不但客来敬茶，还要远地送茶表示问候和敬意。知音挚友常因关山远隔，不能欢聚一处，共饮清茗，实为憾事。因而常有不远千里寄递新茶，以示深情的习惯。这不但今日有，在我国大量史料中也常能见到。唐代诗人李群玉《答友人寄新茗》一诗就是一例。诗人在诗中写道："满火芳香碾麹尘，吴瓯湘水绿花新。愧君千里分滋味，寄与春风酒渴人。"字里行间，充分表达了对友人千里分享滋味的感激心情。白居易《谢李六郎中寄新蜀茶》中也有"不寄他人先寄我，应缘我是别茶人"之句。

在我国名山大川的著名寺院中，都储备有自制的上等好茶，称为"寺院茶"。这种茶叶专门用来招待施主、香客及游览者。过去，在某些地方，当有客进院时，方丈和尚会根据不同的对象用暗语命人沏不同的茶。如在浙江北雁荡山的斗室洞、观音洞，当贵人或大施主来院时，方丈高喊"好茶"，端上的是一杯绝好的上等茶；普通官员或施主进院时，喊叫“茶、茶”，端上的是一杯中等茶；一般香客进院时，低喊“茶”一个字，端上的是一杯三等茶，但即使是三等茶，仍要比普通的雁荡山茶清心爽口。相传清代大书法家郑板桥有一次去某寺院，方丈见他衣着俭朴，以为是一般俗客，就冷淡地说了句“坐”，又对小和尚喊“茶”。经过交谈，方丈感到此人谈吐非凡，引进厢房，一面说“请坐”，一面吩咐小和尚“敬茶”。再经深谈，方丈知道来客乃赫赫有名的“扬州八怪”之一的郑板桥，急忙将其请到雅洁清静的方丈室，连声说“请上坐”，并吩咐小和尚“敬香茶”。最后，方丈再三恳求郑板桥题词留念，郑板桥忖了一下，含笑挥笔直书，上联是“坐，请坐，请上坐”，下联是“茶，敬茶，敬香茶”。这是很有趣味而辛辣的讽刺之语。

古人认为，茶是至性不移之物。昔日，我国华南一带在订婚礼节中，以茶为示意之物；藏族以砖茶为订婚的聘礼；云南边界山区的少数民族，新婚夫妇合饮一杯浸于油中的“腌茶”所泡成的红艳茶汤，以表示未来生活美满。

日本人也非常尊重茶，常称之为“御茶”。日本人在饮茶中最大的贡献为其对茶礼的传承。直至今日，它的影响尚存在于社会各阶层百姓的生活中，主人仍以抹茶奉敬贵客。

在荷兰，当茶叶输入之初，茶价很高，贵族以外的人都不能饮用，只有少数富裕商人的妻子开始以茶待客。17世纪后期，输欧茶叶增多，茶价降低，饮茶成为荷兰全国的时尚之举。富有的家庭特备一处“茶室”，饮茶的宾客多在午后二时左右莅临，主人先以郑重的礼节接待，宾客都将双脚搁置在生火的炉上，准备饮茶。这时，女主人从嵌银丝的小茶盒中取出各种茶叶，请每一位宾客自己选择所爱好的一种，放入小瓷茶壶中，浸泡滚水，稍等几分钟，倒入小杯中供宾客饮用。至于饮茶用具，早期不用杯而用碟，饮时须咂吸有声，越响越好，以表示赞赏女主人的“美茶”。

英国人为世界最大的茶叶消费者，自18世纪开始饮茶以来，其对饮茶方法的讲究，西欧各国都无可比拟。全国无论男女老少，似乎都知道如何泡制一杯可口的好茶。英国人身边一般都备有茶，而且须为优质的上等茶叶，才会感到愉快。在英国社会中，每一阶层都有其特殊的饮茶习俗。上层社会的午后茶，为英国饮茶习俗中最显著的特点，午后茶也是友人聚会的最好机会。英国的火车、轮船，甚至飞机上都向乘客供应茶。伦敦的许多旅馆中，也有午后茶供应给住客及外来宾客；在剧院及电影院的日场中，家人、朋友也在休息时进茶言欢。

至于其他各国，如苏联、美国、法国、德国等，也将以茶敬客作为普遍的礼节。

饮茶与
精神生活

丨茶与“机智”丨

美国学者马歇尔（Wm. B. Marshall）早在1903年时就说过：“茶的作用犹如整理一紊乱之房间，使之有秩序。”如果对饮茶没有长期的深刻体验，是不会有此中肯和确切的评论的。

茶的成分中，有茶素（咖啡碱）和芳香油，两者力量的联合，能对神经起温和的刺激，对于神经系统和消化系统有平静和镇定的作用，此种作用既非永久性，又非积累性。茶素的重要作用还在于促进脑力，使人们的意识明了，缩短精神联合反应时间而产生“机智”，加速对事物的抽象力和判断力。因此，只要在现实生活中加以细察，嗜茶的人往往是善于理会事物的人。

自古以来，茶为诗人的爱好物，一杯清茶，除了能使人愉快、安静以及增加活力以外，还能给人以“机智”，这是尤为重要的原因。在会谈时，茶是必不可少的。茶话会就是基于此种心理而在世界各地兴起的。

我国自三国而至唐宋，饮茶之风日盛，当时在佛教的影响下，宗教色彩的团体很多，比较著名的有以谢灵运为主的白莲社，以欧阳修为主的青松社，他们聚朋会友，在清淡的茶会中进行诗文的赠答及颇含机锋的谈话等。

饮茶之风传入日本时，最初仅在佛寺中作为一种社交及医疗用的饮料，僧人常夸耀茶之清净纯洁，以示崇敬。早在12世纪以前，饮茶已成为一种宗教的、诗人的会谈话题，而到12世纪末期，与茶相随而起的美学发展，渐次形成一种信条、一种礼仪，禅宗僧徒在庄严的达摩像前行饮茶之礼，从而奠定了“茶道”。茶道或茶会是一种崇拜美的文化，其要点是热爱自然及崇尚物质的淳朴，教人以纯洁调和、相互容忍。茶道在日本文化中影响较深，这在日本民俗的发展方面体现得较为明显。日本人常谓某种类型的个性为“彼无茶”，此种人不适于理解生活中较精细的事物，而耽美主义者则有时被称为“彼之茶过多”。

在英国，自17世纪末期东印度公司成立以来，由于茶的输入，俱乐部的组织就盛行起来，艾迪生（Joseph Addison）和约翰生（Samuel Johnson）等诗人盛开茶会，扩展饮茶之风。艾迪生发行《旁观者》杂志，奖励饮茶，此时伦敦俱乐部中的茶会盛况空前，1711年诗人蒲柏（Alexander Popo）在他的一首赞茶诗中歌道：

日本佛坛上银灯发着光，

赤色炎焰正烧得辉煌。

银茶壶泻出火一般的汤，

中国瓷器里热气如潮漾，

陡然地充满了雅味芳香，

这美妙的茶会真闹忙。

有趣的是，英国也以茶会的形式，来进行文学上的评论，于是把诗人及小说家的天才，一概称为“机智”。

说到“机智”，似有意味而不能言传之感，要表达清楚“机智”的含义或定义，确是一个难题。日本医学博士诸冈存认为：“机智”意味着某种快感和发明，至少也是一种创作。陈腐而任谁都知道的事情不是“机智”。所以，“机智”非别出心裁不可，而且还不能伴以不快的感情。约翰生的好友、英国伦敦俱乐部的组织者、饮茶的鼓吹者——艾迪生，在解释“机智”时，曾举了一个生动的例子。诗人对自己的爱人说“你的胸部比雪还白”时，那不能叫“机智”，当那诗人更叹息而附加以“而且冷”时，方能成为“机智”。“机智”是平淡中的一种惊喜、一种微笑。

在我国古今诗人的美丽诗篇，以及众多历史典故中，“机智”是丰富的。相传，清代诗人郑板桥为了模仿前人的书法，日夜苦写苦练，夜晚也在其妻体肤上画画点点，使妻子不得安睡，直呼：“人各有体，扰人何甚?”郑板桥从中醒悟，从此不再模仿前人字体，而是按照自己的字体加紧练习，终于成为我国古今独步的大书法家之一，其字帖至今尚为人们所仿效。这一典故不能不说是一种成功的“机智”。我国自古至今在茶话中的“机智”也是屡见不鲜的，其中以宋代司马光与苏轼论茶的一段对白最为精彩。司马光说：“茶欲白，墨欲黑；茶欲重，墨欲轻；茶欲新，墨欲陈。”苏轼说：“奇茶妙墨俱香，是其德同也；皆坚，是其操同也。譬如贤人君子，黔、皙、美、恶之不同，其德操一也。”司马光叹息以为然。

茶话会是一种平等、轻松的集会，是在友好和谐的气氛中进行的。茶话会的妙趣在于“机智”，是一种创作。凡是参加茶话会的人，不论地位、权力，不分年龄、性别，只要他能说得出有趣的话，并给人以愉快的感受，就可以成为席间的英雄。如果没有“机智”，仅仅是一种笨拙的笑话或是一种低级趣味的东西，不但会遭人瞪目，而且不可能让他占用时间去发表“宏论”。茶话会是立在所谓“常识”这种理性之上的。

英国茶道的传播者，首推英国文学界泰斗约翰生。在18世纪初期，约翰生博士的大名非常响亮，而博士的茶癖也同样很有名。一个记者在形容约翰生饮茶的情况时说：“在一席之间，给他二十杯、三十杯、四十杯的茶吧！但是，他的谈话从夜间谈到早晨持续四小时的漂亮话，会叫听众聚精会神，听之不倦。”（当时的茶碗比较小，约翰生用过的茶碗，现存博物馆中）

约翰生曾说过：“在早茶之际，什么也没有吃的时候，满足一切味觉的正是这种令人愉快的饮料。”在有客拜访时，他不问迟早，必设茶席；每当听得煮茶的声响时，都满脸欣喜。约翰生的异常茶癖，使其每到一处都不可避免地引起他人的注意，其对茶的痴迷程度，不亚于我国唐代的茶圣陆羽。

约翰生的茶癖，当时招来不少人的反感，某些医学家、药学家著文攻击饮茶。1757年，约翰生在《文学杂志》上发表文章，反驳称自己“冥顽无耻地饮茶，二十年来，唯仗此植物的浸汁之力而得以减省食物。自己的茶锅几乎没有冷的时候，晚间以茶自乐，夜半以茶慰安，早晨以茶醒睡”（约翰生有以昼作夜的习惯）。

茶与诗词

茶，美味清香，饮茶能赋予人们兴奋、清醒、深思、机智。自古以来，茶与诗人结下了难解难分的良缘。

在我国古代和现代的文学史中，涉及茶的散文、小说、诗歌、词赋和典故是很多的，特别是茶的诗词，不下五百首，内容丰富多彩。它们已成为我国文学宝库中的一份珍贵财富。同时，从一些诗词中还可以看出茶叶采制和饮用的方法，这些都可作为研究茶叶的重要史料。

诗人、作家尤多喜爱饮茶，细啜慢饮，能帮助写作，杯茶闲谈中，饶有生气，更有助于萌生诗意。我国老一辈革命家的茶兴也都不浅，每与友人谈心，必备清茶，在诗词交往中，也多涉及茶事。20世纪20年代，毛泽东同志在广州主持农民运动讲习所时，曾与柳亚子在茶馆叙谈。这次广州会见，在柳亚子心中留下了难以磨灭的印象，直到1941年，他还在一首诗中说："云天倘许同忧国，粤海难忘共品茶。"毛主席在《七律·和柳亚子先生》中，也有"饮茶粤海未能忘，索句渝州叶正黄"的名句。

1961年，朱德元帅在视察杭州市龙井茶的名产地龙井大队后，曾留下一首《看西湖茶区》的诗："狮峰龙井产名茶，生产小队一百家。开辟斜坡一百亩，年年收入有增加。"同年，陈毅元帅在陪外宾访问龙井茶的主产地梅家坞大队时，也曾写过《梅家坞即兴》一首："会谈及公社，相约访梅家。青山四面合，绿树几坡斜。溪水鸣琴瑟，人民乐岁华。嘉宾咸喜悦，细看摘新茶。"1970年，朱德元帅品尝庐山云雾茶以后，曾写诗赞扬其功效，诗云："庐山云雾茶，味浓性泼辣。若得长时饮，延年益寿法。"

当你进入我国的文学宝库中，有关茶的诗词、歌咏、曲赋，真是琳琅满目，读之令人回味无穷。以下只是根据各个历史时期，择其要者，以供欣赏。

在我国早期的诗赋中，赞颂茶的首推晋代诗人杜毓的《荈赋》，诗人以饱满的热情，歌颂祖国河山的雄伟，茶叶受丰壤甘霖的滋润而长，农民辛勤地采制，而茶的功效是那样的美妙绝伦。赋云："灵山惟岳，奇产所钟。厥生荈草，弥谷被岗。承丰壤之滋润，受甘霖之霄降。月惟初秋，农功少休。结偶同旅，是采是求。水则岷方之注，挹彼清流。器择陶简，出自东瓯。酌之以匏，取式公刘。惟兹初成，沫沉华浮。焕如积雪，晔若春敷。"晋代左思有奇才，善游戏笔墨，他的作品往往能引起读者极大的兴味，文章一出，竞相传抄，"洛阳纸贵"指的就是因传抄左思的文章而引起纸价上涨。左思有一首著名的《娇女诗》，虽写娇女，实指香茗，细细推敲，令人玩味。诗云："吾家有娇女，皎皎颇白皙。小字为纨素，口齿自清历……其姊字惠芳，面目粲如画……驰骛翔园林，果下皆生摘……贪华风雨中，倏忽数百适……心为茶荈剧，吹嘘对鼎䥶。"

唐代为我国诗歌的极盛时代，作诗成为谋求功名利禄的正路，后来甚至非科第出身的人，不得为宰相。唐代的文人，几乎无一不是诗人。此时期适逢陆羽《茶经》问世，饮茶之风更盛。茶与诗词，相互推波助澜，作者如林，涌现出许多优秀的诗歌作品。

唐代诗圣杜甫具有高尚的抱负，有"落日平台上，春风啜茗时"的诗句，借品茶写出他心中隐忧的心情。

诗仙李白，放浪不羁，一生不得志，使之不得不寻找避世的处所，那就是成天沉湎在醉乡。李白的诗几乎篇篇说饮酒，《赠内》诗中写道"三百六十日，日日醉如泥"。但当他听闻湖北玉泉寺里的玉泉真公，因常采饮"仙人掌茶"，年虽八十有余，却鹤发童颜，这位既要求死灭又要觅长生的诗人也不禁对茶唱出了赞歌："常闻玉泉山，山洞多乳窟。仙鼠如白鸦，倒悬深溪月。茗生此中石，玉泉流不歇。根柯洒芳津，采服润肌骨。丛老卷绿叶，枝枝相接连。曝成仙人掌，似拍洪崖肩……”

中唐时期最有影响力的诗人白居易，对茶有浓厚的兴趣，留下了不少咏茶的诗篇。白诗平易通俗，独创一格，为前人所未有。其诗《食后》，描写食后睡起，手持茶碗，无忧无虑，自得其乐的情趣。诗云：“食罢一觉睡，起来两瓯茶。举头看日影，已复西南斜。乐人惜日促，忧人厌年赊。无忧无乐者，长短任生涯。”又一首《山泉煎茶有怀》：“坐酌泠泠水，看煎瑟瑟尘。无由持一碗，寄与爱茶人。”

白居易的亲密诗友元稹，有《一字至七字诗·茶》一首，歌颂茶叶，诗风特异，为茶诗中少见。诗云：“茶，香叶，嫩芽。慕诗客，爱僧家。碾雕白玉，罗织红纱。铫煎黄蕊色，碗转麹尘花。夜后邀陪明月，晨前命对朝霞。洗尽古今人不倦，将知醉后岂堪夸。”

元稹死后，刘禹锡成了白居易最好的诗友，白居易称刘禹锡的诗“神妙”。刘禹锡《西山兰若试茶歌》，对采茶、炒茶、烹茶及品饮后烦襟顿开的情况都做了生动的描述。歌云：“山僧后檐茶数丛，春来映竹抽新茸。宛然为客振衣起，自傍芳丛摘鹰觜。斯须炒成满室香，便酌砌下金沙水。骤雨松声入鼎来，白云满碗花徘徊。悠扬喷鼻宿酲散，清峭彻骨烦襟开……”过去，人们认为炒青茶始于明代，但这首《试茶歌》中指出采下的鹰嘴般的嫩芽，经过炒青，满室生香，可见炒青在唐代就已经有了。又一首《尝茶》，描写对月饮茶的乐趣，字里行间，也可隐约见到诗人被斥逐后，忧愁憔悴、借茶消愁的心情。诗云：“生拍芳丛鹰嘴芽，老郎封寄谪仙家。今宵更有湘江月，照出菲菲满碗花。”

唐代诗人韦应物，性格刚直豪放，任苏州刺史时，生活中常焚香扫地而坐，和诗僧皎然等人唱酬为宾友。韦应物见园中茶生，在《喜园中茶生》一诗中，借茶喻己，对茶的品格进行歌颂。诗云：“洁性不可污，为饮涤尘烦。此物信灵味，本自出山原。聊因理郡余，率尔植荒园。喜随众草长，得与幽人言。”

柳宗元曾亲自采摘芳茶，对采茶的艰辛有所体会，留下深情咏叹：“芳丛翳湘竹，零露凝清华。复此雪山客，晨朝掇灵芽。蒸烟俯石濑，咫尺凌丹崖……”

晚唐主要诗人皮日休和陆龟蒙，同样有爱茶癖好，平日他们唱酬最多，有茶中杂咏《唱和诗》各十首，对茶的史实、茶山风光、茶的煮法、茶瓯、茶焙、茶舍等都做了具体描述，可以说是我国茶叶史料中重要的文献。其中一首是写“茶人”生涯的疾苦。皮日休在诗中写道：“生于顾渚山，老在漫石坞。语气为茶荈，衣香是烟雾。庭从棫子遮，果任獳师虏。日晚相笑归，腰间佩轻篓。”陆龟蒙应和道：“天赋识灵草，自然钟野姿。闲来北山下，似与东风期。雨后探芳去，云间幽路危。唯应报春鸟，得共斯人知。”

以饮茶闻名的卢仝，自号玉川子，隐居洛阳城中，作诗豪放怪奇。他的名作《走笔谢孟谏议寄新茶》，也称《饮茶歌》。诗的主题是描写他饮七碗茶后的不同感觉，步步深入。诗人生活穷苦，不满当时政治状况，看了帝王生活的奢侈后，怀有愤世嫉俗的心情，因此，诗歌通篇从一人的穷苦想到亿万苍生的辛苦，充分流露了自己的思想感情。诗云："日高丈五睡正浓，军将打门惊周公。口云谏议送书信，白绢斜封三道印。开缄宛见谏议面，手阅月团三百片。闻道新年入山里，蛰虫惊动春风起。天子须尝阳羡茶，百草不敢先开花。仁风暗结珠蓓蕾，先春抽出黄金芽。摘鲜焙芳旋封裹，至精至好且不奢。至尊之余合王公，何事便到山人家。柴门反关无俗客，纱帽笼头自煎吃。碧云引风吹不断，白花浮光凝碗面。一碗喉吻润；两碗破孤闷；三碗搜枯肠，惟有文字五千卷；四碗发轻汗，平生不平事，尽向毛孔散；五碗肌骨清；六碗通仙灵；七碗吃不得也，惟觉两腋习习清风生。蓬莱山，在何处？玉川子，乘此清风欲归去。山上群仙司下土，地位清高隔风雨。安得知百万亿苍生命，堕在巅崖受辛苦。便为谏议问苍生，到头还得苏息否！"

在寺院长大的"茶圣"陆羽，对茶崇尚实践，经常亲自采茶、制茶，善于烹茶，又颇有才华，因此结识了许多文人学士和有名诗僧，由此出现了一些美丽的诗篇和铿锵佳句。号称大历十才子之一的皇甫冉，曾作茶诗多首，著名的有《送陆鸿渐栖霞寺采茶》，描写了上山采茶一路上的艰辛情况，而名茶为封建帝王所专用，民间欲饮一杯也是难得的。诗云："采茶非采菉，远远上层崖。布叶春风暖，盈筐白日斜。旧知山寺路，时宿野人家。借问王孙草，何时泛碗花。"又一首《送陆鸿渐山人采茶回》，饱含深情地追忆辛勤的采茶者，与前诗同样有名，并被广泛引用。诗云："千峰待逋客，香茗复丛生。采摘知深处，烟霞羡独行。幽期山寺远，野饭石泉清。寂寂燃灯夜，相思一磬声。"

陆羽的好友、著名诗僧皎然，善烹茶，通茶道，能诗文，留下茶诗多篇。有一首题为《饮茶歌诮崔石使君》的诗，赞颂了剡溪茗（即浙江嵊州的茶）品质的优异及一饮、再饮、三饮后的不同感觉，与卢仝的《饮茶歌》有异曲同工之妙。诗云："越人遗我剡溪茗，采得金芽爨金鼎。素瓷雪色飘沫香，何似诸仙琼蕊浆。一饮涤昏寐，情思爽朗满天地。再饮清我神，忽如飞雨洒轻尘。三饮便得道，何须苦心破烦恼……”又在《饮茶歌送郑容》一诗中，有“丹丘羽人轻玉食，采茶饮之生羽翼”之名句，认为饮茶禁食，便可添生羽翼，飘飘然而成仙，把茶的功效说得非常神妙，当然，这是诗人的一种艺术创作。

到了宋代，饮茶已逐渐趋于艺术化，文人学士烹泉煮茶，竞相吟咏，曾出现许多茶诗茶歌。有的人因受诗情的熏陶感染，而爱茶、欣赏茶，也有的人因嗜好品茗不时写出诗情。

宋代文人苏轼在一首词中写道：“酒困路长惟欲睡，日高人渴漫思茶。敲门试问野人家。”在一首题为《次韵曹辅寄壑源试焙新芽》的诗里，他将佳茗比喻为佳人，更引起人们对佳茗的向往。诗云：“仙山灵雨湿行云，洗遍香肌粉未匀。明月来投玉川子，清风吹破武林春。要知冰雪心肠好，不是膏油首面新。戏作小诗君一笑，从来佳茗似佳人。”苏轼对烹茶也很有研究，有好茶，还须好水和善烹，他在《汲江煎茶》一诗中对此有生动具体的描写。诗云：“活水还须活火烹，自临钓石取深清。大瓢贮月归春瓮，小杓分江入夜瓶。雪乳已翻煎处脚，松风忽作泻时声。枯肠未易禁三碗，坐听荒城长短更。”诗中字句，颇耐人寻味。第二句的七个字有五层意思：水清；深处汲取者；石下之水，非有泥土；石乃钓石，非常之石；东坡自汲，非遣卒奴。第三句中的“贮月”，第四句中的“分江”，这四个字尤妙，形容水之极其清美。诗人不朽的佳篇，广为传诵，更增添了茶的韵味。苏轼《试院煎茶》一诗，也称《煎茶歌》，对煎茶的风味形容得惟妙惟肖。诗云：“蟹眼已过鱼眼生，飕飕欲作松风鸣。蒙茸出磨细珠落，眩转绕瓯飞雪轻……”

南宋爱国诗人陆游是个著名的茶客，遍尝各地名茶，从他《渔家傲·寄仲高》中“愁无寐，鬓丝几缕茶烟里”一句可感受到他对茶有特殊感情，因此他创作的以茶为题材的诗篇之多，可谓历代诗人之冠。诗人曾吟咏：“午枕初回梦蝶床，红丝小硙破旗枪。正须山石龙头鼎，一试风炉蟹眼汤。岩电已能开倦眼，春雷不许殷枯肠。饭囊酒瓮纷纷是，谁赏蒙山紫笋香？”“槐火初钻燧，松风自候汤。携篮苔径远，落爪雪芽长。细啜襟灵爽，微吟齿颊香。归时更清绝，竹影踏斜阳。”“焚香细读斜川集，候火亲烹顾渚茶。”“雪霏庾岭红丝硙，乳泛闽溪绿地材。舌本常留甘尽日，鼻端无复鼾如雷。”“北窗高卧鼾如雷，谁遣香茶挽梦回？”“秋日留连野老家，朱盘鲊脔粲如花。已炊藟散真珠米，更点丁坑白雪茶。”

与陆游同列“南宋四大家”的诗人杨万里有一首《舟泊吴江》的诗，描写渔家汲取江水煮茶的乐趣。诗云：“江湖便是老生涯，佳处何妨且泊家。自汲松江桥下水，垂虹亭上试新茶。”诗人郁郁不得志，常饮茶消闷，他还在诗中吟道：“迟日何缘似个长，睡乡未苦怯茶枪。春风解恼诗人鼻，非叶非花只是香。”

长期隐居西湖孤山，种梅养鹤，被称为“梅妻鹤子”的宋代诗人林逋，好与寺僧交往，风格淡远。诗人写道：

"争得才如杜牧之，试来湖上辄题诗。春烟寺院敲茶鼓，夕照楼台卓酒旗。浓吐杂芳熏巘崿，湿飞双翠破涟漪。人间幸有蓑兼笠，且上渔舟作钓师。"诗人对建溪茶评价很高，在《烹北苑茶有怀》一诗中，对其倍加赞赏。诗云："石碾轻飞瑟瑟尘，乳花烹出建溪春。世间绝品人难识，闲对《茶经》忆古人。"

宋代诗人欧阳修，留下茶的诗篇也很多。他在《送龙茶与许道人》中写道："颍阳道士青霞客，来似浮云去无迹。夜朝北斗太清坛，不道姓名人不识。我有龙团古苍璧，九龙泉深一百尺。凭君汲井试烹之，不是人间香味色。"

宋代诗人黄庭坚嗜好茶，细啜低吟，有茶诗茶词多篇，其中一首调寄品令的《茶词》是绝妙佳作。它能道人之不能言，尤以最后三四句，犹如口含橄榄，让人回味无穷。词云："凤舞团团饼，恨分破，教孤零。金渠体净，只轮慢碾，玉尘光莹。汤响松风，早减了、二分酒病。味浓香永，醉乡路，成佳境。恰如灯下，故人万里，归来对影。口不能言，心下快活自省。”

元代诗人谢宗可的《雪煎茶》，描写以雪代水煮茶，茶叶无比清新的情趣。诗云：“夜扫寒英煮绿尘，松风入鼎更清新。月团影落银河水，云脚香融玉树春。”

元代诗人洪希文的《煮土茶歌》，描写山翁无需名茶名泉，只要土产新茶，自汲自煎，临风自啜，快活似神仙的得意情景。诗云：“论茶自古称壑源，品水无出中泠泉。莆中苦茶出土产，乡味自汲井水煎。器新火活清味永，且从平地休登仙。王侯第宅斗绝品，揣分不到山翁前。临风一啜心自省，此意莫与他人传。”

明代高启有一首著名的《采茶词》，描写山家以茶为业，佳品先呈太守，大众产品售于商人换来衣食，终年劳动难得自己品尝好茶的情况，大有“种菜娘子吃黄叶”之感。词云：“雷过溪山碧云暖，幽丛半吐枪旗短。银钗女儿相应歌，筐中摘得谁最多？归来清香犹在手，高品先将呈太守。竹炉新焙未得尝，笼盛贩与湖南商。山家不解种禾黍，衣食年年在春雨。”又一首《过山家》，描写暮春山家焙茶，茶香四溢，至今读来，犹感如历其境，如闻其香。诗云：“流水声中响纬车，板桥春暗树无花。风前何处香来近，隔崦人家午焙茶。”

清代有“扬州八怪”，他们擅长诗、书、画，作风独特，名噪一时，他们的作品是艺术奇珍。八怪之一汪士慎，试饮了安徽泾县新茶之后，顿觉六腑芬芳，诗兴大发，乃挥笔写诗：“不知泾邑山之涯，春风茁此香灵芽。两茎细叶雀舌卷，蒸焙工夫应不浅。宣州诸茶此绝伦，芳馨那逊龙山春。一瓯瑟瑟散轻蕊，品题谁比玉川子。共向幽窗吸白云，令人六腑皆芳芬。长空霭霭西林晚，疏雨湿烟客忘返。”

八怪之二黄慎吟道：“一从点选入官家，尽道人称萼绿华。曾记夜深煎雪水，牙痕新月剩团茶。”诗人赋予了贡团茶连理枝头的人的情感，用比兴手法借茶抒发了怀才不遇的胸臆。

爱新觉罗·弘历，即乾隆皇帝，曾数次下江南游山玩水，也到过杭州的云栖、天竺等茶区，留下一些诗句。

他在《观采茶作歌》中写道:“火前嫩，火后老，惟有骑火品最好。西湖龙井旧擅名，适来试一观其道。村男接踵下层椒，倾筐雀舌还鹰爪。地炉文火续续添，干釜柔风旋旋炒。慢炒细焙有次第，辛苦工夫殊不少。王肃酪奴惜不知，陆羽《茶经》太精讨。我虽贡茗未求佳，防微犹恐开奇巧。”读此歌，可以看到，一个封建皇帝似乎对百姓抱有一些怜悯之情，对贡茶不求太好，但实质上是在标榜自己的“仁政”，借以换取百姓对他的服从。这从清代诗人陈章的《采茶歌》中可见一斑。

陈章，钱塘人，身居杭州西子湖畔，对龙井茶区茶农的生活非常熟悉，他留下的《采茶歌》描写了茶农为贡茶所承受的苦难。歌云:“风篁岭头春露香，青裙女儿指爪长。度涧穿云采茶去，日午归来不满筐。催贡文移下官府，那管山寒芽未吐。焙成粒粒比莲心，谁知侬比莲心苦。”

古往今来，茶与诗人结下了难解的缘分，人们的喜怒哀乐借助小小的茶叶充分地表达出来。茶与诗词在我国文学宝库中占有一席之地，展现了茶的独特魅力，深受人们的喜爱。

茶与美术

茶是艺术家爱好之物，饮茶可引发艺术家的遐想和构思，使其创作出各种优美的作品。饮具式样和环境的美化，还能增添饮茶的情趣。因此，无论在茶的生产国家还是消费国家的绘画艺术中，多有对茶或饮茶的称颂，留下光彩的文物。

我国古代的绘画以茶为题材的虽不多见，但历代以来，都有一些著名的艺术作品。唐代周昉的《调琴啜茗图卷》、南宋刘松年的《斗茶图卷》、元代赵孟頫的《斗茶图》、元代画家赵原的《陆羽烹茶图》、明代丁云鹏的《玉川煮茶图》，以及北宋雕刻作品《妇女烹茶画像砖》等，都是美术与茶相结合的优秀作品。此外，还有一幅以茶为题材的绘画《为皇煮茗图》保存在英国博物馆。

《陆羽画像图轴》，作者画陆羽坐在刻花的石鼓凳上，右手捧《茶经》，在聚精会神地阅读，背后为一用岩石叠成的假山，在假山的平台上，安置一陶土茶壶和一高脚茶杯，背景为半截参天古木，似为正在花园中精心研究的情景。

赵原的《陆羽烹茶图》，在明代喻政所著的《茶书》中有木刻仿制版，由四幅画卷拼成。画面的正中，陆羽坐在竹榻上，一友人坐在石凳上，各捧一小碗，两相对饮；图右有竹炉，一童在旁烹茶；图左为一石山，林木稀疏，山下一带溪水潺潺，间有小桥，一童弯腰汲水；画面背后直立两株梧桐，干粗叶茂，远处山峦隐约可见。该作品出色地反映了祖国江南山乡的自然风貌。其中还有文徵明的题诗，曰：“分得春芽谷雨前，碧云开里带芳鲜。瓦瓶新汲三泉水，纱帽藏头手自煎。”明代诗人王稚登有《题唐伯虎烹茶图为喻正之太守三首》，其中一首云：“太守风流嗜酪奴，行春常带煮茶图。图中傲吏依稀似，纱帽笼头对竹炉。”

“斗茶”又称“茗战”，是古代用以评比茶叶质量好坏的一个词，把茶叶评比当作在战场上的一种战斗姿态来形容。斗茶的产生，主要出自“贡茶”。宋代苏轼有一首关于贡茶的诗：“武夷溪边粟粒芽，前丁后蔡相宠加。争新买宠各出意，今年斗品充官茶。”斗茶盛行于宋代，宋徽宗赵佶写过一本《大观茶论》，谈到斗茶是“较筐箧之精，争鉴裁之别”，可谓概括了斗茶的含义。参加斗茶的人，要各自献出所藏的名茶，经众人轮流品尝，以决胜负，比赛的内容包括茶汤香醇程度、茶具瓷质的优劣、煮水火候的缓急等。范仲淹有一篇著名的《斗茶歌》，谈到斗茶的起因：“北苑将期献天子，林下雄豪先斗美。”斗茶要经过集体品评，以俱臻上乘者为胜，对斗茶的技术，尝味闻香都是不能相欺的。范仲淹在《斗茶歌》中形容道："胜若登仙不可攀，轮同降将无穷耻。"这说明当时人们对待斗茶是非常认真和重视的，同时也说明斗茶后胜输者各自不同的心情。

《斗茶图卷》为南宋著名画师刘松年所绘，作者在图中描摹四茶贩在树荫下作"茗战"，笔法工细，神态栩栩如生，当为宋代斗茶情况的真实写照。图卷右上方有明代书法家俞和（号紫芝老人）所书卢仝《走笔谢孟谏议寄新茶》诗全文，卷后有徐宪题跋。

《斗茶图》是元代书画家赵孟頫的作品，这是一幅充满生活气息的风俗画。作者在画面上绘有四个人物，身边放着几副盛斗茶用品的货担，左前一人足穿草鞋，一手持茶杯，一手提茶桶，袒胸露乳，似在夸耀自己茶叶的优质；左后一人双袖卷起，一手持杯，一手提壶，正将茶汤注入杯中；右旁直立两人，一手持杯，另一人侧立，二人双目凝视，似在倾听对方介绍斗品的特色，准备出击。整幅画作人物传神，布局严谨。视图中人物模样，不似什么文人墨客，而是走街串巷的"货郎"，这正说明在元代时，斗茶已经深入民间。

明代周英（译音，经学者推测应为仇英）作一幅《为皇煮茗图》，图上绘一宫殿之花园，绘于一暗色绢轴上，尺轴可见皇帝高坐于皇宫之花园中，地点是明代京都南京。该画现珍藏于英国博物馆，被视为稀有文物珍品。

20世纪三四十年代，南海普陀山大乘禅院茶庄的茶盒上有一《卢全烹茶图》的彩色仿制品。画面上是江畔树林楼阁的一侧，卢全端坐在刻花石鼓凳上，右手托一茶碗，左手腕支在石桌台面上，台面上放置六只茶碗，那种闲然自得的情趣，跃然纸上。右旁有一炉子，上置茶壶，一小童蹲在地面，手持蒲扇，不断扇风，炉火熊熊，壶中松风之声似可听闻。

北宋《妇女烹茶画像砖》，长38.8厘米，宽16厘米，厚1.9厘米，一高髻妇女，穿宽领短上衣、长裙，系长带花穗，正俯身注视面前的长方火炉，左手下垂，右手执火箸夹拨炉中炭火。炉上有一长柄带盖执壶，整个造型优美古雅，表现了这个妇女正在凝神专注地烹茶。宋代的画像砖是雕刻的，小巧玲珑，有其独特的风格与特征。北宋画像砖共有四块，现珍藏于中国国家博物馆。

近代国内外绘茶的作品也很多，以下不再详细列举。日本以茶为题材的绘画艺术，也是仿自中国，但也有新创造的，如《明惠上人图》就是一例。此图为高山寺珍品之一，现藏日本西京市博物馆。明惠上人即日本僧人高辨，他对中国的饮茶在日本的传播起到了相当大的影响。在《明惠上人图》中，明惠坐禅于一松林之下，被塑造成一个不朽的形象。

日本还有一轴稀见而贵重的手卷（卷物），图示历史上之“茶旅行”礼，凡十二景。此礼行于1623—1800年，为每年自宇治首次运送新茶至东京进贡时的仪节。宇治至东京，全程四百多公里，“茶旅行”之展览行列，旅程每经一采邑，都有铺张之欢迎及奢费之盛宴。壮观之“茶旅行”，使日本人予饮茶以更高的尊崇。

《松下煮茶图》是一幅山水画，画的中景是一片倒泻的瀑布，走上去经过三个断桥，沿着溪谷，深入远山。在画面左下端，一个隐客盘膝坐在一株大树下弹着琴，好像山水都是他的知音。旁边有几个茶客在煮茶，等待着享受茶的天然美味。玩弄此种秀笔笔风的东洋画作者，不打听也知道是冈田米山人。《松下煮茶图》是他杰出的代表作。

与茶有关联的位于堺市南旅笼町南宗寺内的实相院茶室和京都府乙训郡大山崎町的妙喜庵茶室，这两座有名的艺术建筑，都被收录在日本平凡社出版的《世界美术全集》中。古代日本茶室朴素雅静，茶室坐落在园庭之中，周围有古木和常绿树。实相院茶室为日本著名的茶道大师千利休所建，茶室为一小庵，其中有一可容五人之茶室与一洗濯整顿茶具之“水室”，另有一供客坐待召请入茶室之“待合”及一连接“待合”与茶室之“路地”（园庭中之小径）。茶室外“路地”之布置非常奇特，用不正规状态的石块铺成，石块与石块之间稀疏间隔，园庭中之干松针、生苔之石灯及常绿树，暗示为“寂”

之精神，表现美和静的思想。

艺术家对于向自然界选取题材，有着极大的兴趣。18世纪，有一画家绘一《菊与茶》图，图示一日本绅士面对一盆菊花静坐，图之中心为一群美丽的女性，右侧廊下则为茶釜及茶具。

数百年来，中国及日本两国画家所作的采茶图、茶叶产区图及茶叶产制景象图很多，美国《茶与咖啡贸易》杂志的主编威廉·乌克斯所著的《茶叶全书》在首页插图中，就选有我国清代画家所作的《福建武夷山九曲图》和《安徽绿茶产区图》。日本19世纪的画家所作的日本画一组，题材为制茶之全部过程，用墨水绘于绢上并着色，描绘茶叶产制中的每一个步骤，甚至包括最后的献茶典礼。此画现存英国博物馆。

18世纪，茶在北欧及美洲已成为时尚之饮料，于是一些画家常于此种新环境下描绘饮茶之景。18世纪中叶，德国奥格斯堡有一幅题为《恬静者》的图，画中绘一饮茶者，手执烟管，旁置茶壶，其神态中传出一种放荡不羁之感。

爱尔兰人像画家纳撒尼尔·霍恩（Nathaniel Hone）于1771年曾作一动人之饮茶图，绘其女之像。此少女穿灿烂耀目之锦衣，以皎洁如雪之花边织物披肩，右手捧碟，其上置一无柄之“茶杯”，左手以小银匙搅调其中之绿茶。

英国画家埃德旺·莫兰（Edwand Morland）于1791年绘一画作，描绘牛津街潘夫安茶馆包厢中饮茶之景。其中绘一冶容艳服之荡妇，从一浪子手中接取一小杯茶。在其前方桌上有一盘，盘中尽置当时之茶具。另一女子则在此妇耳边私语，似乎加以提示，可以看到其他包厢中之饮茶客。

苏格兰画家丹尼尔·威尔基（Daniel Wilkie）所作之《茶桌之愉快》，描写19世纪初英国家庭中饮茶之舒适状态。图示一铺白布之大圆桌，置于壁炉之前，二男二女方在饮茶，表现出满足之状。一猫安然蜷伏在炉前，更表现出家庭生活之情趣。

绘画艺术与茶有密切联系，现代摄影艺术与茶的关系更大，许多摄影师都以茶为镜头，涌现出不少优秀作品，深为人们所喜爱。特别是在一些名山大川拍摄采茶照片，将山水峰岩、松竹花木和茶融为一体，越发给茶增添纯洁、和平之感。

茶与歌舞

茶给音乐家、舞蹈家和作曲家带来隽永的灵感和莫大的魔力。在我国，有以采茶命名的“采茶剧团”，有采茶的歌舞，有赞美饮茶的小曲和戏剧。其中，尤以采茶歌最多。每当风光绮丽的春天来临，在广大茶区的山上、岭下、溪边，流行以采茶为主题的采茶山歌和民谣，从不同的采茶歌中，我们可以听到传达不同情绪的声调，有的哀怨，有的抒情。

峰岩交错、溪泉萦绕、风景秀丽的武夷山茶区，很早就是一个采茶民歌盛行的地方。在旧社会，那里的采茶工多数是来自邻省江西农村的穷苦农民，他们迫于生计，不远千里来到武夷山当采茶工，工钱微薄，生活困难。因此，过去山中的采茶歌，多半是描写武夷山采茶工的凄楚生活，歌声凄哀清婉，怨态悠长，声声似从云际飘来，令人潸然泪下。现摘录山歌四首，当时的采茶情景，从中可见一斑。

（一）

清明过了谷雨边，

背起包袱走福建。

想起福建无走头，

三更半夜爬上楼。

三捆稻草打张铺，

两根杉树做枕头。

（二）

想起崇安真可怜，

半碗腌菜半碗盐。

茶叶下山出江西，

吃碗青菜赛过鸡。

（三）

采茶可怜真可怜，

三夜没有二夜眠。

茶树底下将饭吃，

灯火旁边算工钱。

（四）

武夷山上九条龙，

十个包头九个穷。

年轻穷了靠双手，

老来穷了背竹筒[①]。

像这样悲惨的采茶歌，在多数茶区都有流传。中华

---

① 意指当乞丐。

人民共和国成立后，农民成了茶园的主人，武夷山中采茶山歌的内容起了根本性变化，歌声轻松愉快，充分表达了茶农对丰收的喜悦。陈田鹤编曲、金帆配词的福建民歌《采茶灯》就是一例，歌词说：

百花开放好春光，
采茶的姑娘满山岗。
手提着蓝儿将茶采，
片片采来片片香。
采到东来采到西，
采茶姑娘笑眯眯。
过去采茶为别人，
如今采茶为自己。
茶树发芽青又青，
一颗嫩芽一颗心。
轻轻摘来轻轻采，
片片采来片片新。

采满一筐又一筐，

山前山后歌声响。

今年茶山收成好，

家家户户喜洋洋。

由集体作词、解策励作曲的女声独唱《请茶歌》，歌颂了井冈山茶区的红军栽茶后人尝，鼓励喝了红色故乡的茶，革命传统永不忘的坚强决心，歌词亲切热情。

同志哥！

请喝一杯茶呀，

请喝一杯茶，

井冈山的茶叶甜又香啊，

甜又香啊。

当年领袖毛委员呀，

带领红军上井冈啊。

茶树本是红军种，

风里生来雨里长。

茶树林中战歌响啊，

军民同心打豺狼，

打豺狼啰。

喝了红色故乡的茶，

同志哥！

革命传统你永不忘啊。

同志哥！

请喝一杯茶呀，

请喝一杯茶，

井冈山的茶叶甜又香啊，

甜又香啊。

前人开路后人走啊，

前人栽茶后人尝啊。

革命种子发新芽，

年年生来处处长。

井岗茶香飘四海啊，

棵棵茶树向太阳，

向太阳啰。

喝了红色故乡的茶，

同志哥！

革命意志你坚如钢啊。

啊——革命意志你坚如钢。

四明山是浙江的古老茶区，也是浙东的老革命根据地之一，是当年三五支队活跃的地方。如今四明山林茂泉清，茶叶飘香，为了鼓励人们继续沿着革命战士的道路前进，在四明山区流传着一首《请茶歌》，歌词流畅亲切。

唉——革命的同志哥哟，

请你喝杯四明茶哟唉依唉，

请你唉喝杯哟四明茶。

四明山上的茶叶细又香，

当年山农撒下籽哟，

游击队员帮浇秧。

茶叶种在名山上，

云里生来雾里长。

喝杯革命故乡茶，

走遍天下嘴还香，

走遍天下嘴哟还唉哟香。

唉——革命的同志哥哟，

请你喝杯四明茶哟唉依唉，

请你唉喝杯哟四明茶。

四明山上的流水清又清，

当年山民开山渠哟，

游击队员砌堤埂。

万古千秋长流水，

地下喷来天上降。

喝杯四明清凉水，

革命意志永坚强，

革命意志永哟坚唉哟强。

我国各族采茶姑娘能歌善舞，每在春意正浓、杜鹃怒放的新茶采摘季节，无论是在风景如画的西子湖畔，或在武夷山区，或在西南边陲的西双版纳，姑娘们都尽情地歌唱着本民族的歌谣，伴随着从扬声器中播出的乐曲，在茶园中翩翩起舞。《采茶扑蝶舞》《采茶舞曲》是采茶姑娘最喜爱且为大家所熟知的舞曲。由周大风作词、编曲的《采茶舞曲》被认为是一曲优秀的作品，它描述了江南茶区的茶农在春季的大忙季节，哥哥妹妹分工合作，你追我赶，确保粮茶双丰收的动人景象。歌词是这样写的：

溪水清清溪水长，

溪水两岸好呀么好风光。

哥哥呀你上畈下畈勤插秧，

妹妹呀东山西山采茶忙。

插秧插得喜洋洋，

采茶采得心花放，

插得秧来匀又快呀，

采得茶来满山香。

你追我赶不怕累呀，

敢与老天争春光，

争呀么争春光。

溪水清清溪水长，

溪水两岸采呀么采茶忙。

姐姐呀你采茶好比凤点头，

妹妹呀采茶好比鱼跃网。

一行一行又一行，

摘下的青叶篓里装，

千缕万缕千万缕呀，

缕缕新茶放清香。

…………

“绿叶衬红花，良泉伴名茶”，“龙井茶”和“虎跑水”素来是誉满中外的。由周祥钧作词，曹星、徐星平作曲，题为《龙井茶，虎跑水》的歌曲，是一首绝佳的品饮名茶颂茶曲，一杯龙井茶寄托了五洲朋友的深厚友谊。杭州是一个风景美丽的旅游城市，每年都有成千上万的国际友人、海外侨胞和全国各地的人来杭州游览。清雅洁净的虎跑茶室，经常游客满座。用香清味甘、凉心沁脾的虎跑水沏上色、香、味、形俱佳的龙井茶，一面细啜，一面聆听《龙井茶，虎跑水》优美抒情的旋律，人们不仅从中得到了美的享受，而且加深了对饮茶的情趣，增进了中外人民的友谊。

龙井茶，虎跑水，

绿茶清泉有多美，

有多美。

山下泉边引春色，

湖光山色映满杯，

映满杯。

五洲朋友哎，

请喝茶一杯。

香茶为你洗风尘，

胜似酒浆沁心肺，

我愿西湖好春光哎，

长留你心内。

龙井茶，虎跑水，

绿茶清泉有多美，

有多美。

茶好水好情更好，

深情厚意斟满杯，

斟满杯。

五洲朋友哎，

请喝茶一杯。

手挽手，笑声脆，

美好祝愿千百回，

一杯香茶传友谊哎，

凯歌四海飞。

日本一如中国，采茶歌在茶区流传很广，学校儿童有时还将采茶歌在公共招待会上演唱，其中《摘茶曲》可作为一首代表作。

立春过后八八夜，

漫山遍野发新芽；

那边不是采茶吗？

红袖双绞草笠斜。

今朝天晴春光下，

静心静气来采茶。

采啊，采呀，莫停罢！

停时日本没有了茶！

日本人也有采茶舞，多为艺伎表演。

英国人为西方最早最大的茶客，早在19世纪中叶的节约饮酒运动中，就有几首茶的歌曲在“茶会”上被热烈歌唱，其中最为普遍的就是《给我一杯茶》。歌词如下：

让他们唱来把酒夸，
让他们想那好生涯，
那片刻之欢，
永远轮不到咱，
给咱一杯茶！

还有《亭中之茶》，此为一喜剧歌曲，约在1840年歌唱而博得众多喝彩。

1926年，爱尔兰礼拜六夜报中有一小曲，题为《一滴茶》，共八节，以下列其中两节：

破晓时分给我一滴茶，
我将为天上的“茶壶圆顶”祝福，

当太阳趱行午前的程途，

十一点左右给我一滴茶；

待到午餐将罢，

再给我一滴，为了快活潇洒！

进了午后的瞌睡乡，

时间沉闷而精神颓唐，

给我一只小壶、一只小盘、一只小勺，

一点奶酪、一点砂糖，

小小一滴茶，

让我梦茫茫！

茶与佛教

我国是茶的故乡，从发现野生茶树到人工栽培，从药用、祭祀用、食用直到成为世界人类的普遍饮料，茶差不多已有四千年的悠久历史。茶叶生产的发展，无疑是我国劳动人民数千年来与大自然相处的结果。

自从汉代佛教由西域传入中国，释迦牟尼提倡坐禅，并以此作为佛教的重要修行之一。所谓坐禅，就是禅定，也就是镇定精神，排除杂念。僧尼日夜坐禅，必须借茶来驱除睡魔。据陆羽《茶经》“七之事”中引《晋书·艺术传》:“敦煌人单道开，不畏寒暑，常服小石子，所服药有松、桂、蜜之气，所饮茶苏而已。”单道开为西晋末名僧，单道开时代远在日本禅宗始祖达摩大师以前。日本神话中说中国茶树起源于达摩时代，达摩为免除坐禅时的瞌睡，乃割其眼皮投于地上，生根而成茶树，这种说法仅仅是神话。单道开投奔后赵武帝石虎以后，住邺都（今河北临漳）昭德寺，于场内造八九尺高的禅室，以茅草编结为屋顶，常常在其中坐禅。有人询问他为何如此，他一律不回答，只在禅室外悬偈语：

我矜一切苦，出家为利世；利世须学明，学明能断恶。山远粮粒难，作斯断食计；非是求仙侣，幸勿相传说。

其实，单道开并非是一个不食烟火的仙人，他常服小石子。小石子当今仍保留，为内蒙古、新疆、西藏等地人民喜爱的固形牛奶，其中混合松子、桂皮、蜜、姜、茯苓等富有营养的滋补作料研制而成。形状很像小石子，每日吞服数粒，另外饮茶苏一两升，借茶的作用帮助消化小石子，调节人体机能。坐禅使人处于似睡非睡的极静状态，体力消耗少，因此，日子久长也不致弄垮身体。

世称茶有三德：第一，坐禅时通夜不眠；第二，饱腹时能帮助消化，轻神气；第三，为“不发”（抑制性欲）之药物。日本的明惠上人提出“茶之十德”。在日本，茶被认为是戒律和修养的食粮。

南北朝以后，中国佛教盛行，在各名山胜景之处，大造寺院。由于佛教重视坐禅、断食和冥思，院主招来大批僧尼，开发山区，种植茶树，寺院四周自然环境优美，适宜栽茶，多产名茶是很自然的事。随着寺院的发展，僧尼增多，劈山种茶，茶好像成了佛教特有的饮料，有了惊人的发展。佛教对整个社会的茶叶生产起到推波助澜的作用。

僧侣们喜爱茶的原因，除了饮茶是一种宗教仪式以及茶有很多功效外，还在于饮茶是一种幸福，是长寿之道。饮茶能达于悟道，能得到佛的庇佑。东晋名僧怀信在《释门自镜录》序文中说：“跣足清淡，袒胸谐谑，居不愁寒暑，食可择甘旨，使唤童仆，要水要茶。”又如唐代名僧从稔禅师，常住赵州（今河北赵县一带）观音院，《传灯录》上尊称他为赵州古佛。他每说话之前，总要先说：“吃茶去。”宋代僧人曾济在《五灯会元》中说：“师（指从稔禅师）问新来僧人：‘曾到此间否？’答曰：‘曾到。’师曰：‘吃茶去。’又问一新来僧人，僧曰：‘不曾到。’师曰：‘吃茶去。’后院主问禅师：‘为何曾到也云吃茶去，不曾到也云吃茶去？’师召院主，主应诺，师曰：‘吃茶去。’”只要饮茶，就达于悟道，这正是赵州禅。旧时杭州龙井茶室有这样一幅墨迹：“小住为佳，且吃了赵州茶去；曰归可缓，试同歌陌上花来。”明代童汉臣在《龙井试茶》中有“一吸赵州意，能苏陆羽神”的句子。以往说“茶禅一味”，现在可具体说成“茶佛一味”，其真谛非佛教徒也可想见一二了。至今，日本一些著名茶室还用“吃茶去”三字做招牌，以招徕顾客。

寺院与茶产有关，佛教与茶叶有缘，特别是著名寺院多出名茶，古往今来，很少有例外。翻开中国产茶史料，类似记载，信手可得。如人们常道的“扬子江中水，蒙顶山上茶”“蜀土茶称圣，蒙山味独珍”指的是四川蒙山茶。该茶历史久远，相传在西汉末年，甘露寺的普慧禅师在蒙山之巅上清峰栽了七棵茶树，“高不盈尺，不生不灭”，直至清雍正年间尚存，产量不多，能治百病，被誉为“仙茶”，这在汉碑和明清两代石碑及《名山县志》中均有记载。至于这七株茶树从何而来，引起茶史学家们的兴趣。有说茶种来自岭南广东，有说来自福建建溪，有说来自四川峨眉山，还有一种离奇的说法，认为是迦罗于魏代由印度研究佛学时带回，栽种于蒙山。这几种说法当中，应属来自四川峨眉山的可能性较大。“长松树下小溪头，斑鹿胎巾白布裘。药圃茶园为产业，野麋林鹤是交游”，这是唐代白居易描绘曾在庐山香炉峰结草堂居住，亲辟园圃种茶的情景。据《庐山志》载，庐山种茶始于汉代，当时山上梵宫寺院多至三百余座，僧侣云集，他们攀危崖，冒飞泉，竞采野茶，以充饥渴。各寺院亦于白云深处劈岩削峪，栽种茶树，采制茶叶，遂有

“云雾茶”。被北宋著名科学家沈括称为“天下奇秀，无逾此山”的浙江乐清北雁荡山，相传在东晋永和年间，阿罗汉诺讵那率弟子三百人居雁荡，自此后，寺院兴盛，劈山种茶。

又如五代时人毛文锡在《茶谱》中写道：“扬州禅智寺，隋之故宫，寺枕蜀冈，有茶园，其茶甘香，味如蒙顶焉。”据史籍记载，江苏南京栖霞寺、苏州虎丘寺、东山洞庭寺，福建福州鼓山寺、建安北苑凤凰山能仁寺、泉州清源寺、武夷天心观，湖南岳阳白鹤寺、衡山南岳寺、洞庭君山寺，湖北当阳玉泉寺、远安鹿苑寺，广西桂平西山寺，江西庐山抬贤寺等，历史上均出产优质名茶，闻名遐迩。许多历史名茶经过千百年来的严峻考验，饱经风霜，至今青春常在，而有的已被历史的洪流淹没，殊为可惜。

安徽、浙江是中国重要的产茶省份，名茶辈出，也大都与寺院有直接关系。如安徽著名的特级黄山毛峰，主产黄山松谷庵、吊桥庵、云谷寺一带；六安瓜片的佳品，产于齐云山蝙蝠洞附近的水井庵；霍山黄芽产于太阳乡的长岭庵；黄石毛峰是居住在九华山巅的一僧一道首先采制并为众人治病而著名的；休宁松萝茶，只产于松萝山，这里是明代结庵的旧址；徽州大方也是明代居住在松萝山的一个名叫大方的和尚首先创制，由于制茶精妙，群邑师其法，而以僧名命名。在浙江也同样，长兴吉祥寺的紫笋茶，杭州龙井寺的龙井茶，余杭径山寺的径山茶，天台国清寺、华顶寺的华顶云雾茶，临安西天目山禅源寺的天目青顶、天目云雾茶，普陀山普济、法雨、慧济寺的佛茶，宁波天童寺、阿育王寺的天童红茶，乐清雁荡山合掌峰、斗室洞等院庵的雁荡毛峰，景宁惠明寺的惠明茶，如此等等，不一而足。这许多名茶，不少已被评为国家级名茶和优质茶。

在中国的大江南北、名山胜地，哪里有寺院，哪里就有茶茗形迹。不独中国如此，日本亦然。日本自唐代从中国传入茶种。当时，茶为佛教的特有物，除寺院以外，几乎没有饮茶的，直到经山城国葛野郡高山寺的高辨（即明惠上人）的努力，才把茶饮普及到民间。因此，日本史学家也具有这样一种普遍观念，认为寺院中的园庭，大抵均种有茶树。

随着佛教的盛行，寺院兴起，僧尼增多，名茶发展。名人雅士纷纷为寺院、茶饮题诗作赋，历代以茶为题材的诗文十分丰富，推动对茶文学的研究，这些有关茶的诗文，不但可作为研究茶的发展的很好史料，也是中国文化宝库中一份极为珍贵的财富。今日，茶已成为中国和日本等国家社会和文化生活的必需品，难道不可以说佛教对促进茶叶生产有它一定的积极作用吗？

茶与健康——仅以珠茶为例

珠茶与其他茶叶一样，是我国千古相传的低卡路里饮料，它不仅味美芬芳，而且含有许多对人体有益的物质。同时，由于珠茶有效成分含量丰富，在某些方面，较之其他茶叶有着更高的药理作用与营养价值。

一、提神益思，消除疲劳

珠茶中含有丰富的咖啡碱，其含量约占成茶干物质总量的4%。在正常情况下，被冲泡出来的咖啡碱约占

80%。这种白色丝光针状的结晶体，被人体吸收以后，既能刺激中枢神经系统，清醒头脑，提升思维，又能加快血液循环，活跃筋肉，促进新陈代谢，使人解除疲劳。这对从事文字工作的人来说，无疑是一种难得的缓和兴奋剂。“临水卷书帷，隔竹支茶灶。幽绿一壶寒，添入诗人料。”词人吴苹香的这些美妙诗句，反映了早在清代，文人们已有喝茶助文思的切身体会。对于从事夜间工作的工人、医师、护士以及驾驶员等，茶叶更是不可或缺的饮料。当夜深时，人容易四肢疲倦、昏昏欲睡，泡饮一杯珠茶，会使人顿觉神清气爽，倦怠感渐消，工效倍增。

茶叶中的咖啡碱还不同于普通纯咖啡碱。纯咖啡碱对胃有刺激性，而茶叶中的咖啡碱被茶汤里的其他物质所中和，形成一种综合物。这种综合物在胃内酸性条件下，失去了咖啡碱原有的活性，但当综合物进入小肠的非酸性环境时，咖啡碱又能还原释放出来，被血液吸收，发挥它的功能。因此，饮茶既能提神，又能“和胃”。

二、清热降火，止渴生津

在盛夏酷暑、口渴难耐之时，饮上清茶一杯，会感到满口生津、遍体凉爽。这是因为茶汤中的化学成分茶多酚、糖类、果胶、氨基酸等与口腔中的唾液发生了化学反应，使口腔得以滋润，产生清凉的感觉，加上咖啡碱从内部控制体温中枢，调节体温，并刺激肾脏，促进排泄，从而使体内大量热量和污物得以排除，新陈代谢取得新的平衡。

茶叶不同于汽水、果汁等清凉饮料。汽水、果汁只有在它们的内含物（包含二氧化碳、芳香油等）挥发时，才能吸收一些热量，起清凉和生津的作用，并没有根本地解决受热、脱水、体温平衡紊乱等问题。而饮茶则从两方面对人体进行了体温调节，既治表，又治本，从根本上起着解热止渴的作用。明代李时珍在《本草纲目》中说："茶苦而寒……最能降火。火为百病，火降则上清矣。"说明在古代，人们已有饮茶清热解渴的生活体会。

三、溶解脂肪，消食除腻

在丰餐盛宴以后，防止油腻积滞的最好办法莫过于泡饮一杯珠茶。这是因为珠茶中的咖啡碱，具有促进胃液分泌和食物消化的作用，而茶汤中的肌醇、叶酸、泛酸等维生素以及蛋氨酸、半胱氨酸、卵磷脂、胆碱等多种化合物，又有调节脂肪代谢、促进脂肪消化的作用。尤其是珠茶中的芳香族化合物，既能给人兴奋和愉快的感觉，促进蛋白质、脂肪的溶解，还有帮助消化吸收和消除口中腥膻的作用。据化学分析测定，由于珠茶的助消化成分含量较高，香高味浓，溶解力强，因此其消食除腻效果明显高于烘青茶、花茶及部分其他绿茶。

四、杀菌消炎，利尿解毒

饮茶杀菌解毒主要借助于茶多酚的作用。茶多酚是茶叶中的一种主要化学成分，它占茶叶干物质总量的20%—30%。茶多酚是由三十多种酚类物质组成的复合体，其中以儿茶素含量最多，占多酚类的70%以上。珠茶的儿茶素含量极为丰富，每克茶叶干物质含儿茶素达145.78毫克，与其他炒青茶和烘青茶相比，普遍高出8%—10%。因此，珠茶杀菌能力较强。如将危害严重的霍乱菌、伤寒杆菌、大肠杆菌等放在浓茶汤中浸泡几分钟，多数即失去活动能力。所以，民间常用浓茶汤敷涂伤口、消炎解毒和治疗细菌性痢疾，道理就在这里。茶多酚还能使铝、锌等金属和生物碱等有毒物质分解沉淀。不良的水质，可借茶凝固水中的悬浮物，使它沉淀下来，并使其中的有毒物质分解，失去毒性，得到净化。对于长年工作在荒野僻壤或环境恶劣、水质污浊的地方的地质勘探人员来说，体积小、携带方便、杀菌力强的珠茶，是一种理想的保健饮料。

五、预防龋齿，消除口臭

珠茶中的氟化物是人体骨骼、牙齿、毛发、指甲的构成成分。人体缺乏氟素，就会影响新陈代谢的正常进行。研究资料显示，每人每天要消耗1—3毫克氟素，这些氟素主要从饮水和食物中摄取，而一般的水源和食谱中，含氟量都比较低。珠茶却例外，加工后的成品干茶中一般每克含有氟素0.5毫克，茶汤中的浸出率为60%—80%。也就是说，每人每天饮用10克珠茶冲泡的茶汤，就可以满足人体对氟素的需求。龋齿是牙科常见病，预防龋齿主要靠增强牙齿本身的抵抗力。氟离子与牙齿的钙质有很强的亲和力，当茶叶中的氟化物与牙齿的主要组成物羟基磷灰石接触以后，就能变成一种较难溶于酸的物质——氟磷灰石，像墙壁刷石灰水一样，在牙齿表面附上一层看不见的保护层，从而提高了牙齿的防龋能力。

珠茶还是一种口腔卫生剂。每天起床后，由于口腔食物残渣的腐败和发酵，人往往会感到口干舌苦，这时如果喝一杯早茶，即可借茶中的维生素、芳香油和茶多酚的综合作用，除去口中黏液，消除口臭，增进食欲。“清晨一杯茶，饿死卖药家”，如今江浙沪粤等地的人们之所以有喝早茶的习惯，看来是不无道理的。

六、补充营养，增强体质

珠茶含有多种维生素，如维生素A、维生素B_1、维生素B_2、烟碱酸、泛酸、维生素C、维生素P和维生素PP等，这些微量的维生素都是人体不可缺少的营养物质。如维生素C，既是人体不能自然合成的物质，又是生成结缔组织的必要成分，它能维持牙齿、骨骼、血管、肌肉的正常生理机能，促进外伤愈合。人体如缺乏维生素C，就会患坏血病，或者齿龈流血、毛细血管脆弱、皮下出血等。研究显示，维生素C还有抗癌作用，动物试验表明，维生素C对致癌物质亚硝基胺生成的抑制效果可达到97.5%。另外，维生素P与维生素C的协同作用，能促进机体对维生素C的吸收，有减少脑溢血发生的作用；维生素B_1能帮助血细胞生长；维生素B_2对防治各类炎症，如角膜炎、肺炎等，都有一定作用；泛酸还有润泽皮肤的作用；等等。珠茶不仅含有多种维生素，而且有的维生素含量高于其他茶类。以维生素C为例，每100克干茶中，珠茶的维生素C含量为297毫克，而烘青茶的维生素C含量仅为182毫克，以烘青为原料的花茶的维生素C含量更低。从这一点上来说，珠茶的营养和药效均高于烘青茶、花茶等。

与其他茶叶一样，珠茶还有一种特殊的功能，即它能防止某些放射性物质对人体的危害。科学研究证明，茶叶中多酚类物质、脂多糖和维生素C的综合作用，使其能吸收放射性物质锶^{90}（Sr^{90}）。当人体消化器官中，存在1%—2%的茶多酚和部分维生素C，便可吸收放射性物质锶^{90}的30%—40%，将其通过粪尿排出体外，免除危害。正因如此，日本广岛原子弹爆炸事件中，凡有长期饮茶习惯的人，一般放射性伤害较轻，存活率亦较高。

综合珠茶的各种效用，可以发现，珠茶确实是人类理想的保健饮料、美容饮料、口香饮料，饮珠茶值得提倡和推广。

茶与军需

茶能止渴生津，提神益思，还能对人体起到一定保健作用，正如苏轼诗云："何须魏帝一丸药，且尽卢仝七碗茶。"说明经常饮茶，无须多服药物。

茶为人们的大众饮料，也为军需品之一。相传，三国时代，诸葛亮带兵进入云南勐海一带，因水土不服，兵士多患眼病。诸葛亮教兵士采摘树上的鲜叶煮汤服用，治愈了眼病。据传，克里米亚战争中，守城军队因不能及时得到茶与咖啡，兵士体质大大衰退，患痢疾的很多，等茶得到供应以后，才有舒缓之感。在日俄战争时，日军重视在战线上的茶叶供应，把茶经高温、蒸压塑化而成砖茶，封入纸包，装罐送往战地。每块重百两（日两），上刻四等分切纹，每四分之一足够五十人一次饮用量。而在旅顺口的俄国守军，因茶和干菜输送困难，一时供应不上，多数人患了坏血病，大大丧失了战斗力，这成为著名的难攻易守的旅顺陷落的原因之一。现代科学研究证明，茶对人体的药理功能主要缘于茶叶含有的各种化学成分。因此，许多国家的军事家对茶都很重视，至今有不少国家都把茶列为军需品之一。

我国对部队饮茶是重视的，但还不够普及。我国幅员辽阔，部队军种多、人员众，有长期战斗在波涛汹涌上的海军，有常年守卫在气候恶劣条件下的边防军，有飞翔在祖国蓝天的空军，有苦战在高寒或湿热地带的工程兵，有时刻监视敌人活动的雷达兵，等等。为了增强他们的体质，提高部队的战斗力，使其保持旺盛的精力和高度的警惕性，提倡部队饮茶并普及饮茶，尤其具有重要意义。

《后　记
回忆父亲

今年是父亲逝世34周年。父亲一生专心致志研究茶叶。2016年，我们出版了父亲的遗作《浙江名茶》，今年我们把他其余的遗稿整理出来，出版这本《茶人论茶》。之所以选用“茶人”二字，是因为父亲在世时，喜欢以茶人自居。中国茶叶博物馆现仍每年举办“茶人之家”活动，编印《茶人之家》刊物。此“茶人之家”的称谓，就是他和同仁当初筹办茶博馆时所做出的贡献，由此可见父亲对茶叶的热爱。

父亲写这些文章的时间大约在1979—1985年上半

年。在这期间，有些文章曾陆续在《浙江茶叶》《茶人之家》等刊物上发表过。1985年下半年，父亲染病，停止了写作，前后治疗大约花了一年的时间，不幸于1986年4月14日离世。

父亲的英年早逝，不仅是中国茶叶界的一大损失，更是我们家庭永远的痛。时间虽然过去那么多年，但父亲的音容笑貌依然时时浮现在我们眼前。父亲诙谐幽默，善解人意，我们做子女的都喜欢和他聊天，从中受益匪浅。今天，我们出版父亲的旧作，以这样的方式纪念我们慈爱的父亲，告慰他的初心。

另外，我们的母亲现仍健在，今年已93岁高龄，本书出版，母亲尤感欣慰。

唐大年　唐润之　唐韵之　唐凯之

2020年2月